알기 쉬운

실용 초고주파공학

류 황 · 이민수 지음

教友社

머리말

오늘날 전자기기는 기능에 따른 신호처리능력이 고속화되고 있다. 이것은 전자제품의 회로 설계를 할 때 클럭이 매우 높아져 그에 따른 IC의 고속화가 요구된다. 예를 들어 마이크로 컴퓨터의 클럭이 고속화되면 설계 시 디지털 회로의 고속화도 동시에 이루어져야만 한다. 또한 이전에는 아날로그로 처리하던 과정들이 현재는 디지털로 처리되거나 고속 디바이스 등으로 대치되고 있는 실정이다. 더욱이 이러한 추세는 기술발전에 따른 주변기술의 고주파화와 사용되는 전자재료에 대한 고주파 대응 및 측정기술 등 점점 넓은 산업분야로 확장되어가고 있다.

이러한 고속화의 경향은 앞으로도 계속 이어질 것이라 여겨진다. 지금까지 비교적 낮은 주파수를 대상으로 회로설계를 하던 엔지니어도 이제는 기본 클럭이 수십MHz 이상에서도 고주파 현상을 고려해서 설계해야만 하는 단계까지 와 있다. 현재는 회로나 부품 설계자 뿐 아니라, 수백MHZ에서 수십GHz 대까지의 주파수를 대상으로 한 부품(IC, 커넥터등)을 설계 또는 평가하는 기술자 등도 이들 고주파에 대한 지식과 기술을 필요로 한다. 이러한 현상을 이해하려면 고주파에 대한 폭 넓은 지식을 알아둘 필요가 있다.

이 책에서 말하는 고주파란 마이크로파대의 지식과 기술이 아닌 전자기기의 처리능력이 고속화되어가면서 집중정수회로와 분포정수회로로 다루는 영역이 혼재하는 분야를 지칭한다. 이러한 관점으로 전반적인 내용을 기술하였다.

이 책의 구성은 제 1 장에서는 파에 대한 기본, 제 2 장에서는 고주파란 무엇인가를 이해하고, 제 3 장에서는 전자부품의 고주파에서 특성변화, 제 4 장에서는 고주파가 되면 집중정수회로에서 분포정수회로로의 특성변환, 제 5 장에서는 고주파신호를 다룰 때 임피던스매칭에 대해 왜 임피던스매칭을 필요로 하는지, 임피던스매칭이 되지 않으면 어떠한 문제가 발생하는지를 상세하게 설명하고 있다. 제 6 장에서는 임피던스매칭을 도식적으로 해결할 수 있는 스미스차트에 대해 서술하고 있다. 제 7 장에서는 고주파의 파라미터에 대해 이해하는 것을 목적으로 하고, 제 8 장에서는 고주파의 파라미터를 측정하는 방법을 설명하고 있다. 또한 제 9 장에서는 고주파의 기초를 이해하는데 도움이 될 수 있는 수학의 지식을 서술하고 있다.

이 책은 고주파의 기술에 관해 기초적인 내용을 초심자라도 이해할 수 있도록 평이하게 해설하였다. 그러므로 다음과 같은 독자들에게 도움이 될 것이다.

· 앞으로 고주파에 관한 회로설계에 종사할 학생
· 앞으로 고주파 부품, 재료 등을 다루려는 기술자
· 수십 MHz에서 수백 MHz까지의 회로를 설계하는 아날로그회로 설계자, 디지털회로 설계자, 이들 설계부문의 매니저 등
· PCB 설계를 하고 있는 기술자
· 회로설계자 이외의 전자부품(IC, 고주파커넥터와 같은 부품)의 설계자 및 이들 고주파 특성을 측정하려는 기술자
· 취급하는 클럭이 비교적 높은 전자기기 설계에 종사 설계자

보통의 전문서적같이 시작부터 순차적으로 읽어가며 이해할 수도 있지만, 항목마다 서문, 해설, 포인트의 구성으로 이루어져 있기 때문에 필요한 항목에만 초점을 맞추어 읽어갈 수 있게 배려하였다.

마지막으로 이 책을 마무리하면서 많은 관심 속에 성원을 아끼지 않은 교우사의 사장님을 비롯하여 출판진의 노고에 감사한다.

저자

차 례

1

파에 대하여

이 장에서는 고주파를 파로 간주하여 파에 대한 다음과 같은 기본개념을 학습한다.

1. 파를 수식으로 표현하는 방법
2. 서로 다른 매질에서 파가 반사되어 일어나는 현상
3. 파에 대한 주기, 파장, 속도, 주파수간의 관계
4. 파의 속도와 파장과 주파수의 관계

1.1 파란? (파가 진행하는 매커니즘)

수면위에 돌을 0던지면 파는 동심원상으로 퍼져 나간다. 이 때 위에 떠있는 물체(나뭇잎 등)에 주목하면 파의 진동이 큰 경우는 상하로 크게(큰 진폭으로) 흔들리고, 작은 경우는 상하로 작게 움직인다.(그림 1-1)

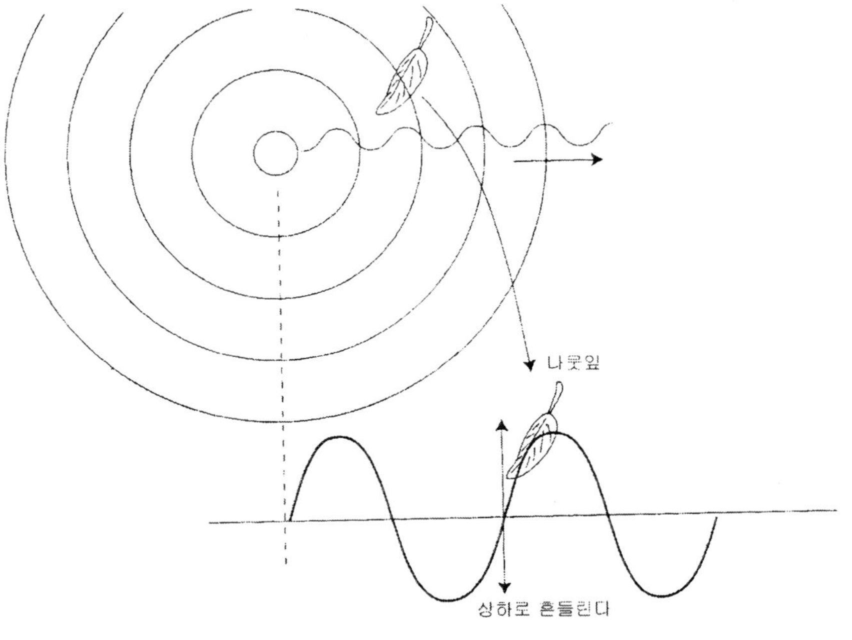

≪그림 1-1≫ 수면파

파는 시간이 경과하면 멀리 진행하며 파의 속도에 의해서 물체(나뭇잎)의 위치가 결정된다. 다시 말해 파는 거리와 시간의 함수로 표현된다.

파에는 횡파와 종파가 있으며, 수면을 퍼져나가는 파처럼 파의 진행 방향과 수면의 변화량이 직교하고 있는 파를 횡파라 하고, 음파(소밀파:疏密波)처럼 공기의 진동방향과 같은 방향으로 진행하는 파를 종파라 한다.

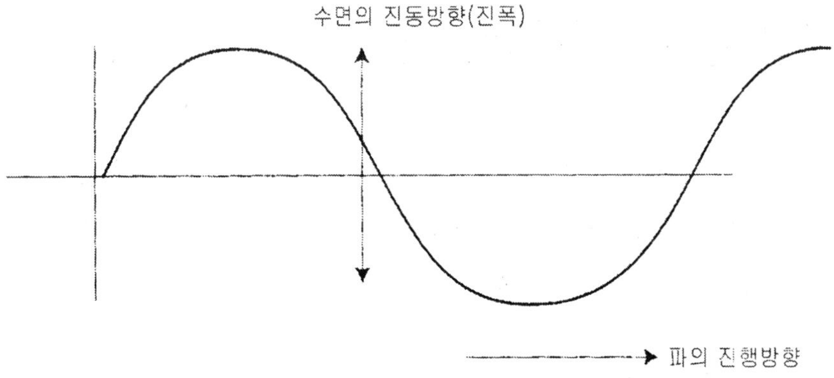

≪그림 1-2≫ (a) 횡파

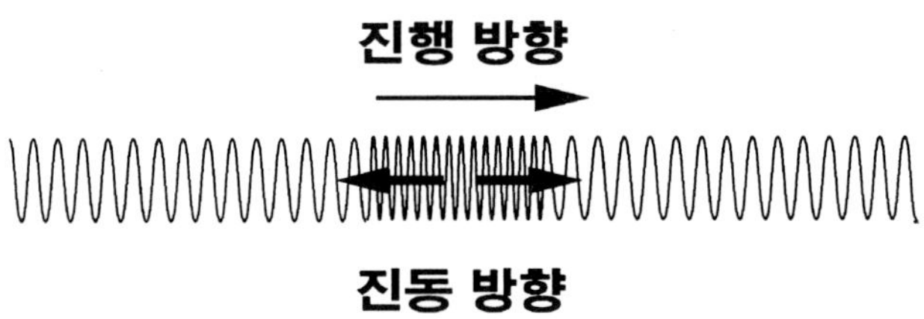

≪그림 1-2≫ (b) 종파 (음파)

그림 1-2(a)를 수식으로 표현하는 방법은 다음과 같다. 그림 1-3의 첫 번째 그림은 $t=0$, $x=0$에서 파의 위치와 크기 A를 나타내고(P_0점), 두 번째 그림은 이 파가 속도 v로 $t=t_1$ 만큼 경과했을 때의 형태를 나타내고 있다(P_1 점). 고주파도 나중에 언급하겠지만 주파수가 높아지면 파(신호)의 파장은 짧아지고, 고주파가 진행하는 회로의 크기와 비교했을 때 회로의 위치에 의해 파의 크기가 달라진다. 이와 같이 고주파를 파로 간주함으로써 파동과 같이 시간과 위치의 함수로써 고주파를 표현할 수 있다.

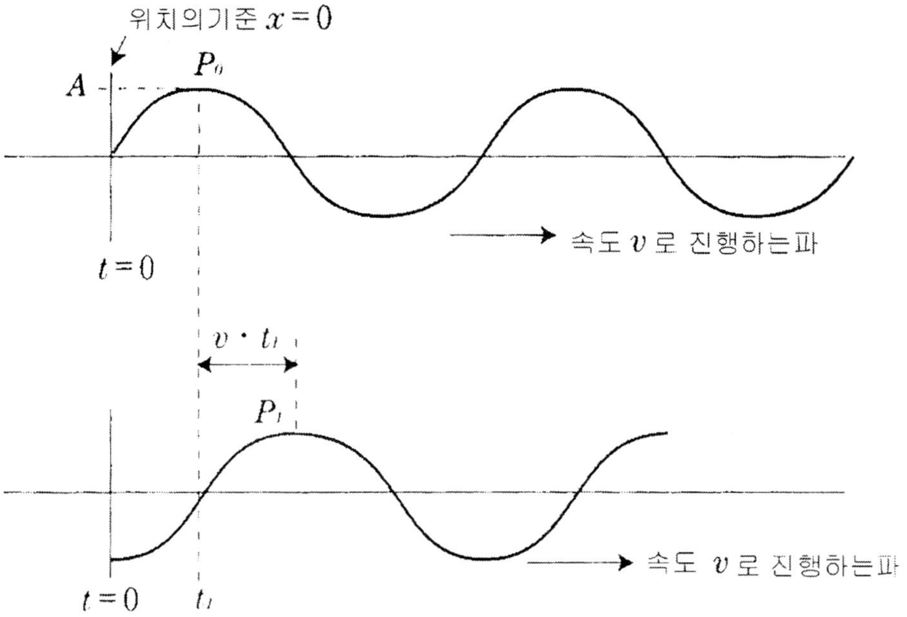

≪그림 1-3≫ 임의의 시간 t에서 파의 위치

1.2 파를 수식으로 나타내는 방법

그림 1-4에서 단위구간 길이($\times 2\pi$) 중에 임의의 주파수의 파장 λ가 몇 개 포함되어 있는지를 나타내는 파의 개수(파수 : 波數)를 k라 하고, $k=2\pi/\lambda$로 나타낸다.
그림 1-4 (a)는 단위구간 길이 중에 λ가 3개 들어가기 때문에 파수는 3이 되고, (b)는 단위구간 길이 중에 λ가 6개 들어가기 때문에 파수는 6이 된다.

시간과 위상의 관계는 그림 1-5처럼 각도 θ(위상)가 변화하는 속도를 각속도(각 주파수)라 하고 ω로 나타내며, 임의의 시간 t 경과 후 각도 θ(위상)는 $\theta=\omega \cdot t$가 된다. 여기서 각속도 ω가 1회전(즉 360°: 2π 라디안)하는데 걸리는 시간을 T라 하면 $\omega=\frac{2\pi}{T}$이 된다. 주파수 f는 주기 T와 $f=\frac{1}{T}$의 관계가 있으므로 각속도 ω는 $\omega=2\pi f$로 나타낼 수 있다. 각도 θ를 속도 v로 진행하는 파로 나타내면 다음과 같다.

$$\theta = \omega \cdot t = 2\pi ft$$
$$= 2\pi f \cdot x/v$$
$$= 2\pi f \cdot x/(f \cdot \lambda) \quad (\because v = f \cdot \lambda)$$
$$= (2\pi/\lambda) \cdot x$$
$$= kx$$

다시 말해 각도 θ는 파수 k와 파가 진행된 거리 x의 곱의 형태가 된다.

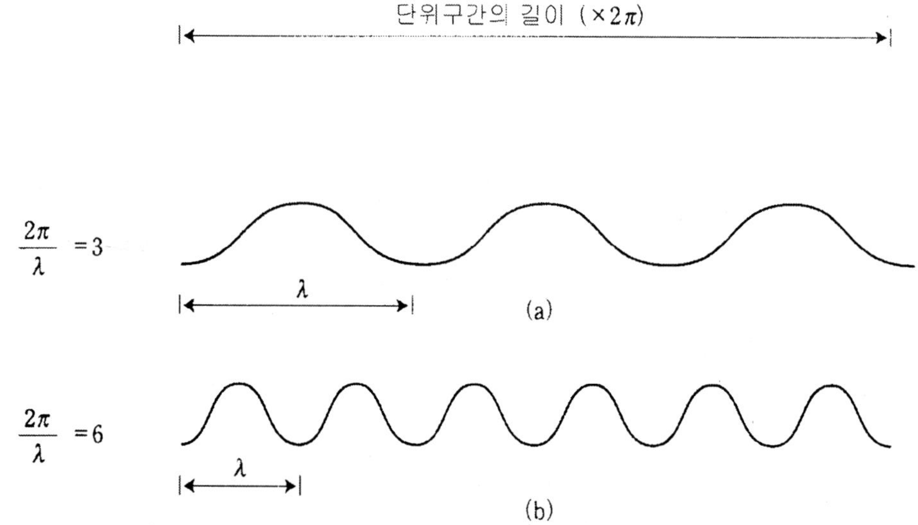

≪그림 1-4≫ 파수(波數:wave number)

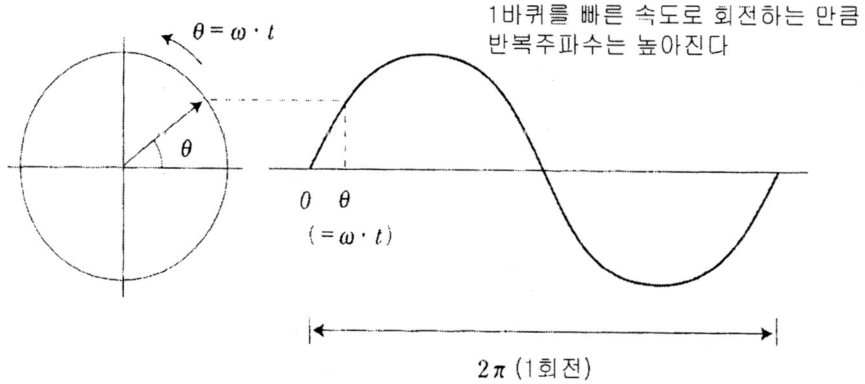

≪그림 1-5≫ 각속도 ω와 위상 θ

그림 1-5의 파를 식으로 표현하면 $f(x) = Asin\theta = Asinkx$로 나타낼 수 있다. 여기서 속도 v로 진행하는 파를 고려하면 오른쪽으로 진행하는 파는 시간 t 경과 후 파의 위치 x는 파의 속도 v와 시간 t의 곱만큼 변화하고 있다. 따라서 오른쪽으로 진행하는 파는 $f(x) = Asin[k(x - vt)]$가 된다. 마찬가지 방법으로 왼쪽으로 진행하는 파는 $f(x) = B\sin[k(x + vt)]$로 나타낼 수 있고, 오른쪽으로 진행하는 파와 왼쪽으로 진행하는 파가 겹쳐졌을 때(여기서는 간단하게 설명하기 위해서 파의 진폭이 같게 A=B로 한다) 합성된 파는 다음과 같다.

$$Asin(kx - kvt) + Bsin(kx + kvt) = 2Asinkx \cdot coskvt$$

위 식을 표시하면 그림 1-6처럼 되어 임의의 점에서 파동이 움직이지 않고 진폭만 변화하게 된다. 이와 같이 파가 상하로만 변하면서(임의의 시간 t에서 위치를 나타내는 x값은 변하지 않는다)일정한 값으로 고정되어 있기 때문에 정재파(定在波:Standing Wave)라고 한다. 고주파에서도 반사파가 발생하면 위의 표현식과 같은 정재파가 발생한다.

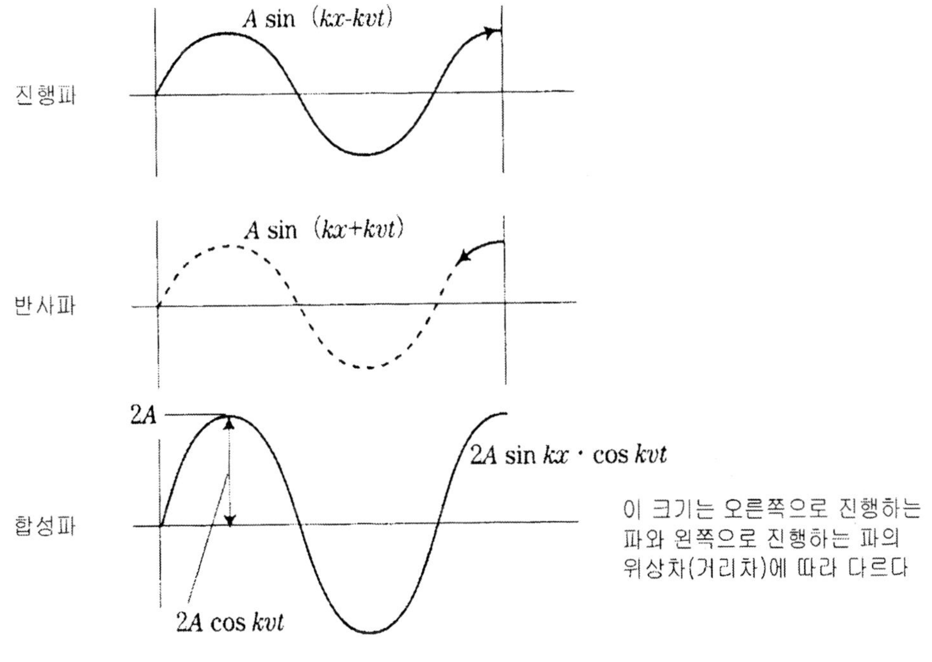

《그림 1-6》 진행파와 반사파의 합성

· 파의 성질(매질이 바뀌면 반사가 생긴다)

그림 1-1처럼 동심원 상의 수면을 전파하는 파가 연못의 가장자리에 도달하면 반사되어 중심부로 향한다. 때때로 해안에서는 큰 진폭이 될 때가 있는데 이것은 진행되어온 파와 해안에서 반사된 파가 만나서 특정 조건이 되었을 때 발생한다.

1.3 파의 주기 T, 파장 λ, 속도 v, 주파수 f의 관계

(1) 주파수란

다음 그림에서 파의 주파수를 f[Hz]라 한다. 여기서 주파수가 의미하는 것은 1초간 파가 몇 회 반복하는가를 말하는 것으로 예를 들면 1초간 2회 반복하면 주파수는 2Hz이고 1초간 1000회 반복하면 1000Hz(1KHz)이다.

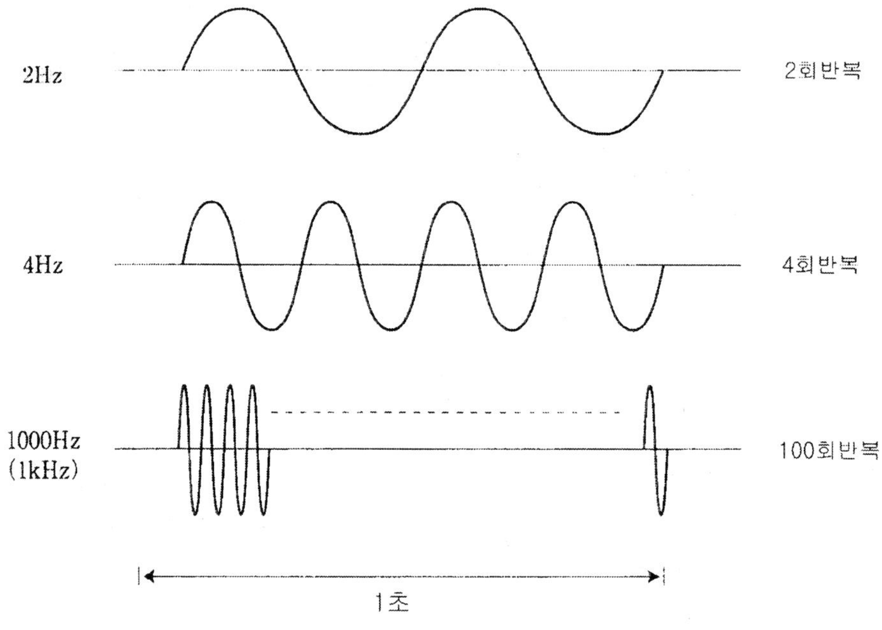

《그림 1-7》 주파수란

주파수의 단위는 다음과 같다.

1Hz
$1000Hz = 10^3Hz = 1kHz$
$10^6Hz = 10^3kHz = 1MHz$
$10^9Hz = 10^3MHz = 1GHz$
$10^{12}Hz = 10^3GHz$

(2) 주파수 f[Hz]와 주기 T[s]의 관계란

그림 1-8에서 정현파(sin)의 1주기(반복)를 $T(s)$로 하면, 주파수 f는 $\frac{1}{T}(\frac{1}{s[초]}=Hz)$가 된다. 이것은 1초 간에 주기 T의 정현파가 몇 번 반복되는지를 나타내는 것으로 주파수의 단위가 된다.

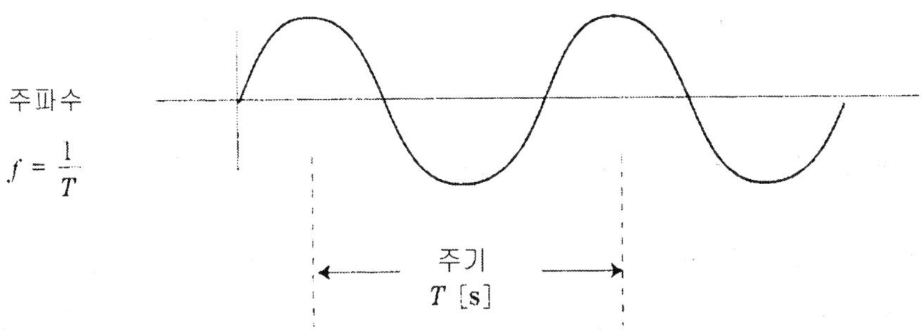

≪그림 1-8≫ 주파수와 주기의 관계

예 주기의 계산

상용 전원의 주파수로 사용되는 60Hz의 파는 1초간 60회 반복하기 때문에 주기 T는 1/60 = 0.017초가 된다. 1MHz의 주파수는 1초에 10^6번 반복되기 때문에 주기 $T= 1 \div 10^6 = 1\mu s$가 된다.

(3) 파장이란

파장은 그림 1-9에 보이는 정현파의 산에서 산(또는 계곡에서 계곡)까지의 거리를 말한다. 따라서 그 단위는 미터[m] 와 센티미터[cm]로 나타낼 수 있다. 주파수가 높아질수록, 반복이 많을수록 파장은 짧아진다. 고주파는 주파수가 높기 때문에 파장이 매우 짧은 특징이 있다.

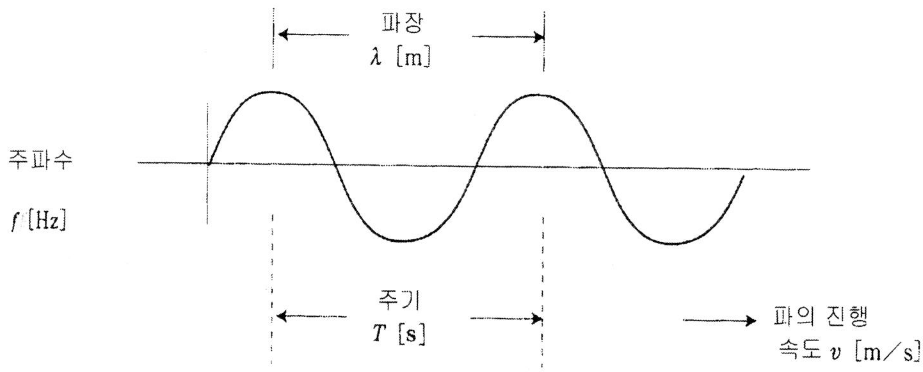

《그림 1-9》 파의 속도 v와 파장 λ, 주파수 f의 관계

파의 속도 v와 파장 λ, 주파수 f의 관계는 어떻게 나타낼 수 있을까

그림 1-9에서 파장 λ[m], 주기 T[s], 주파수 f[Hz]인 정현파가 속도 v[m/s]로 진행하고 있을 때, 속도는 거리(여기서는 파장 λ)를 시간(주기 T)으로 나누어 줌으로써 구할 수 있다.

$$\text{속도 v[m /s]} = \frac{\text{거리}}{\text{시간}} = \frac{\text{파장 } \lambda}{\text{주기 } T}$$

또, 주기 T와 주파수 f의 관계는 $f = \dfrac{1}{T}$의 관계가 있기 때문에

파의 진행속도 = 파장×주파수 $(v = \lambda \times f)$

의 관계가 성립된다. 또 파장은

파장 = 파의 진행속도 ÷ 주파수 ($\lambda = \frac{v}{f}$)

로 나타낼 수 있다.

파의 진행속도 v를 전자파가 진공 중 진행하는 속도 3×10^8[m/s]로 할 경우 주파수에 대한 파장의 관계를 구하면 그림 1-10처럼 된다. 여기서 주목할 점은 파의 진행속도는 파가 진행하는 매질에 따라 변화한다(이유는 다음 장에서 설명).

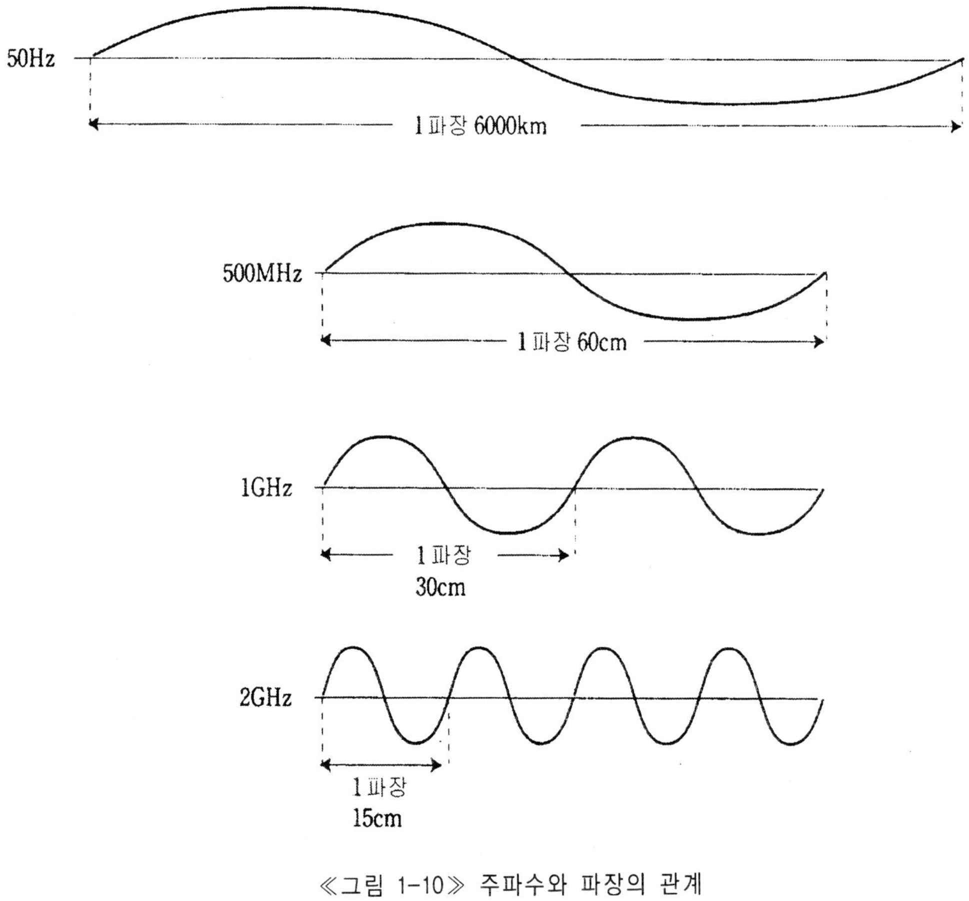

≪그림 1-10≫ 주파수와 파장의 관계

1.4 임피던스란

(1) 방해하는 기능을 한다

임피던스는 impedance라 쓰고 동사는 impede이고 "방해를 한다" 라는 의미이다. 전기회로에서는 저항 R은 전류 I가 흐르는 것을 방해하기 때문에 저항이라 부른다. 옴의 법칙에 의하면 발생하는 전압 V는 $V=IR$이 된다. 이 경우 임피던스는 저항 R(실수)이다.

인덕터 L은 급격하게 변화하는 전류 $\left(\frac{di}{dt}\right)$가 흐르는 것을 방해하는 기능을 한다. 이 임피던스의 양단에 발생하는 전압 V는 $V=L\cdot\frac{di}{dt}=j\omega L\cdot i=Z\cdot i$ (여기서 $\frac{d}{dt}=j\omega$이다)되고 임피던스 Z는 $j\omega L$(복소수)이 된다.

캐패시터(콘덴서) C는 급격히 변화하는 전압 $\left(\frac{dV}{dt}\right)$에 대해 전압이 걸리는 것을 방해하는 기능을 한다. 콘덴서 C에 걸리는 전압 V와 축적되는 전하량 Q 사이에는 $Q=CV$의 관계가 있고 양 변을 시간 t에 대해 미분하면 $\frac{dQ}{dt}=C\frac{dV}{dt}$가 된다. 여기서 좌변은 시간에 따른 전하 Q의 변화기 때문에 전류 j가 되고 $i=C\cdot\frac{dV}{dt}=j\omega C\cdot V$이다.

이 관계에 따라 임피던스 $Z=\frac{V}{I}=\frac{1}{j\omega C}$(복소수)가 된다. 전기회로에서는 임피던스는 이들 저항, 인덕턴스, 캐패시턴스(콘덴서)의 조합으로 구성된다.

(2) 임피던스는 벡터양이다.

그림 1-11(a)는 지항의 임피던스 $Z=R$, 인덕디의 임피딘스 $Z-J\omega L$, 콘덴시의 임피던스 $Z=\frac{1}{j\omega C}=-j\frac{1}{\omega C}$ $(j^2=-1, j=\sqrt{-1})$ 를 각각의 좌표 축 상에 나타내고 있다. 그림 1-11(b)는 저항 R과 인덕터 L이 직렬로 접속된 회로의 임피던스 Z는 $Z=R+j\omega L=|Z|(\cos\theta+j sin\theta)=|Z|e^{j\theta}$를 좌표축 상에 보여주고 있다. 이렇게 임피던스 Z는 크기와 각도(위상 θ)를 지닌 벡터양이다.

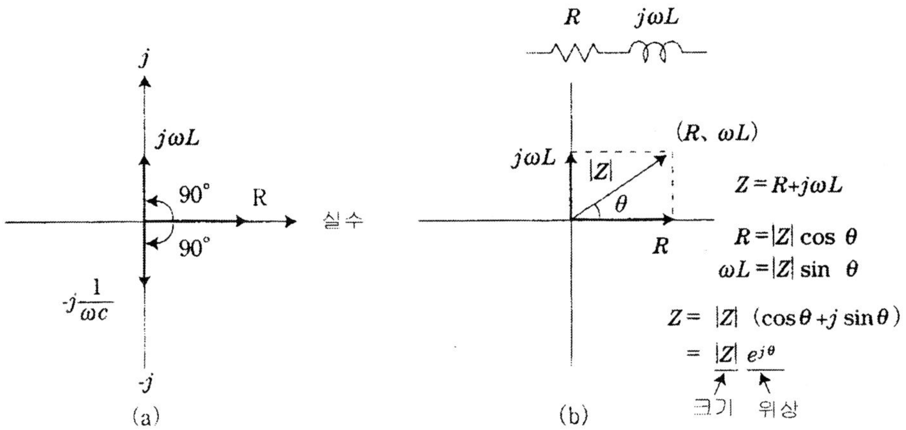

≪그림 1-11≫ 임피던스의 표시

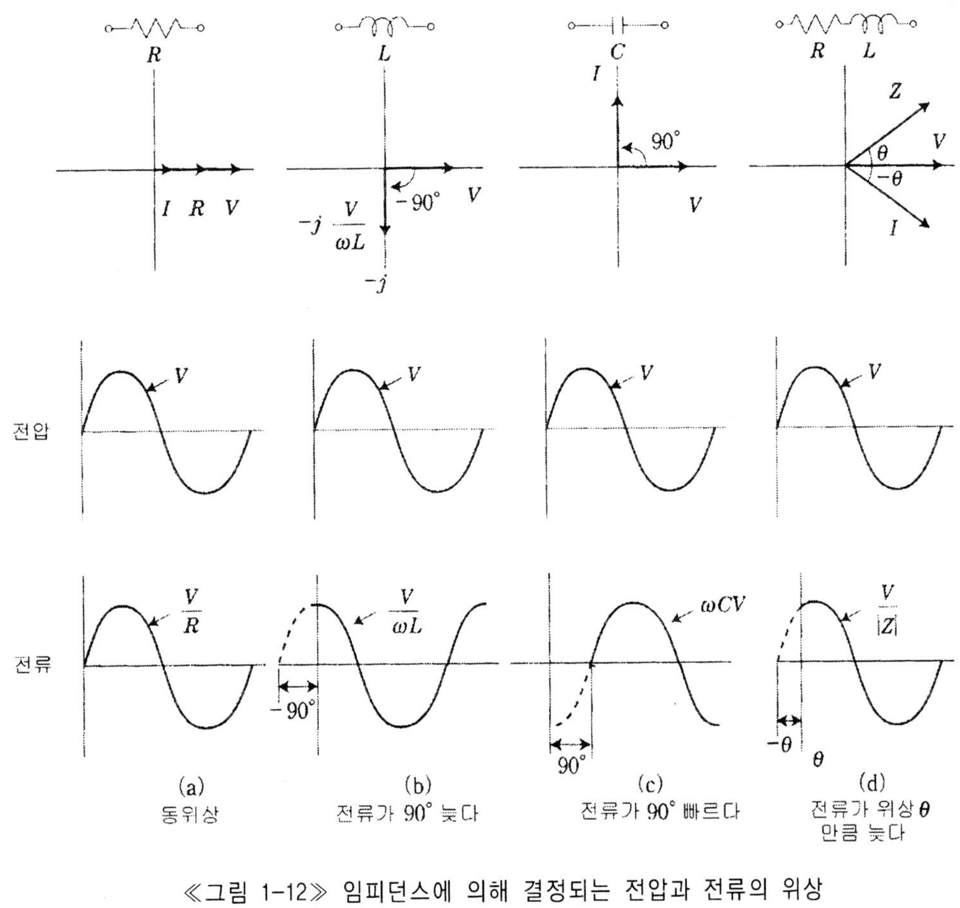

≪그림 1-12≫ 임피던스에 의해 결정되는 전압과 전류의 위상

그림 1-12는 저항, 인덕터, 콘덴서, 저항과 인덕터의 직렬회로에 각각 전압 V(크기 V, 위상 0°)를 인가했을 때 흐르는 전류 I를 전압 V의 위상을 중심으로 어떻게 변화하는지를 표시한 것이다.

≪포인트≫

- 임피던스를 크기와 위상을 가진 벡터양으로 표시할 수 있다.
- 임피던스 Z는 $Z=|Z|e^{j\theta}$로 표시할 수 있어, 취급이 매우 편리하다.

2

고주파란

펄스가 고주파 성분을 포함하는 경우와 주파수의 분류 방법을 설명한다. 전자파의 속도가 유전율 ϵ과 투자율 μ에 의해 결정되는 것을 이해하고 고주파가 유전체와 자성체 내부를 진행할 때 파의 속도에 의해 파장이 짧아지면 발생하는 현상과 고주파에 의한 표피 효과에 대해 이해한다.

2.1 고주파에서 저주파까지

일반적으로 1MHz 신호 주파수는 낮고 10MHz 신호 주파수는 높다고 하는데 10MHz 펄스는 앞으로 언급하겠지만 많은 수의 정현파가 포함돼 있다. 10MHz의 펄스는 많은 정현파가 더해진 것으로 생각할 수 있다(제 9장 9.3의 퓨리에 급수를 참조). 10MHz의 신호주파수는 낮지만 10MHz의 펄스에 포함되는 200MHz의 주파수는 주파수가 높다고 일반적으로 말할 수 있다. 펄스 파형이 특수한 조건(구형파로 예를 들면 상승시간(rising time) 0, duty rate가 50%[Lo레벨과 Hi레벨의 존속 시간동일하다], 파형에 리플이 포함되지 않는 등)이라면,

20MHz, 40MHz, 60MHz, …

와 같은 우수 차의 주파수성분은 포함되지 않는다.

이러한 특수한 조건에서 벗어나면, 다음과 같이 정수배의 정현파를 많이 포함하게 된다.(그림 2-1)

10MHz 펄스 = 10MHz 정현파 + 20MHz 정현파 + 30MHz 정현파 + … + 100MHz 정현파 + … …

주파수의 분류에서는 공기 중에서 전자파의 속도가 거의 3×10^8[m/s]이기 때문에 (파장 $\lambda = 3 \times 10^8/f$)주파수를 3의 정수배로 취하면 파장 λ는 10의 거듭제곱 ($10^3 = 1000$배, $10^{-2} = 0.01$배) 형태로 아래와 같이 분류한다. 파장의 길이를 고려한 주파수대 명칭은 다음과 같다.

- ELF (extremely low frequency) : 주파수 3KHz 이하
- VLF (very low frequency) : 주파수가 3KHz부터 30KHz
- LF (low frequency) : 주파수가 30KHz부터 300KHz
- MF (medium frequency) : 주파수가 300KHz부터 3MHz
- HF (high frequency) : 주파수가 3MHz부터 30MHz

- VHF (very high frequency) : 주파수가 30MHz부터 300MHz
- UHF (ultra high frequency) : 주파수가 300MHz부터 3GHz
- SHF (super high frequency) : 주파수가 3GHz부터 30GHz
- EHF (extremely high frequency) : 주파수가 30GHz부터 300GHz

이것을 주파수와 파장 λ에 따른 분류(중파, 단파, 마이크로파 등)로 나타내면 표 2-1과 같다.

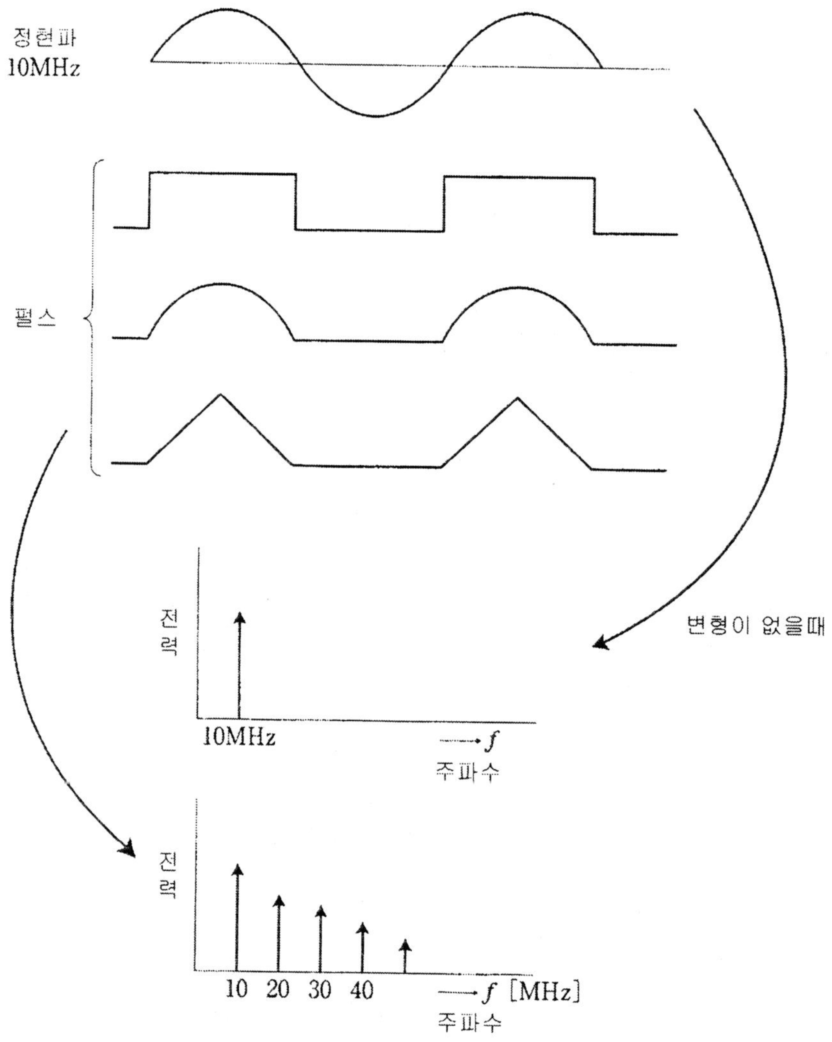

《그림 2-1》 정현파와 펄스의 주파수 스펙트럼

≪표 2-1≫ 전자파의 분류와 주파수(파장)와의 관계

전자파의 분류	주파수 범위	파장 λ	명칭
ELF	~3kHz	~100km	장파
VLF	3kHz~30KHz	100km~10km	
LF	30kHz~300KHz	10km~1km	중파
MF	300kHz~3MHz	1km~100m	중단파
HF	3MHz~30MHz	100m~10m	단파
VHF	30MHz~300MHz	10m~1m	초단파
UHF	300MHz~3GHz	1m~10cm	극초단파 마이크로파
SHF	3GHz~30GHz	10cm~1cm	
EHF	30GHz~300GHz	1cm~1mm	미리미터파
	300GHz~3THz	1mm~0.1mm	서브미리미터파

현재 컴퓨터 클럭이 1GHz를 넘는 상황에서 고주파 영역에서 다루는 주파수는 전자파의 분류에서 UHF대나 SHF가 된다. 또 고주파대역의 특성을 측정하기 위한 네트워크 분석기(N/A)도 100GHz 정도의 주파수를 측정할 수 있게 되었다.~

2.2 유전율 ϵ 과 투자율 μ 의 관계

(1) 유전율 ϵ과 비유전율 ϵ_r의 관계

그림 2-2는 유전체가 삽입된 콘덴서를 나타낸다. 이 때 유전체의 유전율을 ϵ[F/m], 콘덴서에 축적되는 전하량을 Q[C : 쿨롱], 인가되는 전압을 V[V]라 하면, 이들 사이에는 Q=CV의 관계가 성립된다. 여기서 콘덴서의 용량 C[F]는 유전체의 유전율 ϵ과 전극 면적 S[m^2]가 커질수록 크게 되고, 전극간의 거리 l[m]이 짧아질수록 많은 전하를 축적할 수 있다.

그러므로 콘덴서의 용량 C는 다음과 같이 표시된다.

$$C = \epsilon \cdot \frac{S}{l}$$

여기서 유전율 ϵ의 단위는 [F/m]이다. 유전율 ϵ은 유전체의 비유전율 ϵ_r과 진공 중에서 유전율 ϵ_0 ($\fallingdotseq$ $8.854187817 \times 10^{-12}$)의 곱으로 다음과 같이 나타낼 수 있다.

$$\epsilon = \epsilon_0 \cdot \epsilon_r$$

그러므로 콘덴서의 용량 C는

$$C = \epsilon_0 \cdot \epsilon_r \cdot \frac{S}{l}$$

이 된다.

ϵ_r은 진공중의 유전율 ϵ_0에 대한 배수(倍數)를 나타내고, 비유전율이라고 한다. 따라서 유전체의 매질에 의해 이 비유전율은 각기 달라진다. 예를 들면 비유전율 ϵ_r은 진공 1, 공기 1.005, 폴리에틸렌 2.26, 태프론 2.1, PCB(인쇄된 기판 : Printed Circuit Board)의 재료로 자주 사용되는 유리에폭시(FR4)에서는 4.5~4.9가 된다.

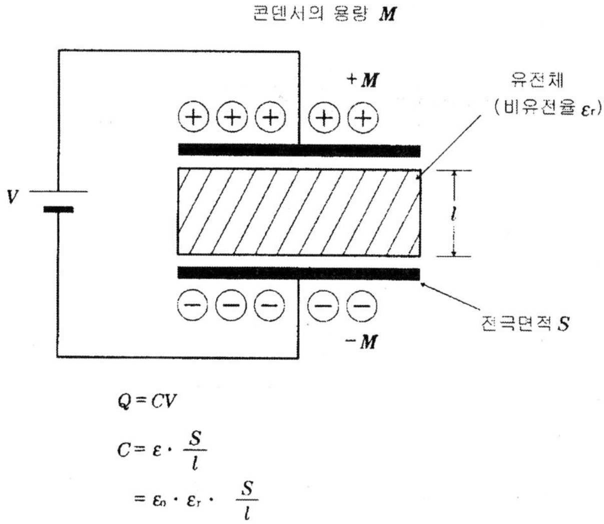

≪그림 2-2≫ 유전체가 삽입된 콘덴서

(2) 투자율 μ와 비투자율 μ_r의 관계(유전율과 비유전율의 관계와 동일)

자성체는 그림 2-3에서 전류를 인가하여 자계를 크게 하면 최대로 자화된 곳(B_s:최대 포화자속밀도)까지 가고(a의 곡선), 인가하는 자계를 감소시키면 원래 초기 자화곡선을 지나가지 않고 b와 같은 곡선을 그린다. 이러한 특성을 히스테리시스 특성이라 한다. 여기서 자성체의 투자율 μ란 초기 자화곡선의 자계 $\boldsymbol{H}$에 대한 자속밀도 $\boldsymbol{B}$의 변화(곡선의 경사)를 말한다.(그림 2-3(b)).

$$\mu = \frac{dB}{dH}$$

여기서 단위는 자속밀도는 $B[Wb/m^2$: 단위면적을 통과하는 자속] 이고 인가되는 자계 $\overline{H}$ [AT/m]이다. 자성체의 투자율 μ와 비투자율 μ_r은 유전율과 동일한 관계가 성립한다.

$$\mu = \mu_0 \cdot \mu_r$$

μ_r은 진공중의 투자율 μ_0에 대해 배수(倍數)를 나타내고 비투자율이라 한다.
여기서 진공중의 투자율 μ_0는 $\mu_0 \fallingdotseq 4\pi \times 10^{-7}$[H/m]이다.

(3) 투자율 μ의 단위[H/m]를 구하기

자속 Φ의 단위는[Wb], 자속밀도 $\overline{B}$(단위면적당 자속 : Φ/S)의 단위는 $[Wb/m^2]$, 자계 $\overline{H}$의 단위는[AT/m]이기 때문에, 투자율 μ는 $\mu = \dfrac{dB}{dH}$로부터 [Wb/ATm]이 된다. 여기서 코일 L[H : 헨리]에 전류 I[A]를 흘렸을 때 발생하는 자속 Φ[Wb]는 $\Phi = L \cdot I$의 관계가 있다. 이를 단위로 나타내면 [Wb]=$[H \cdot A]$가 된다. 간단히 하기 위해서 T(turn)를 1회로 하면, 투자율 μ의 단위는 [Wb/ATm]=[HA/Am]=[H/m]이 된다.

≪포인트≫

- 유전율 ϵ은 전계(콘덴서에서 발생하는 전기력선의 밀도 $\overrightarrow{D} = \epsilon\overrightarrow{E}$)와 연관되며, 비유전율 ϵ_r과 진공중의 유전율 ϵ_0의 곱이 된다.
- 투자율 μ는 자계(자속밀도 $\overrightarrow{B} = \mu\overrightarrow{H}$)와 연관되며 비투자율 μ_r과 진공중의 투자율 μ_0의 곱이 된다.

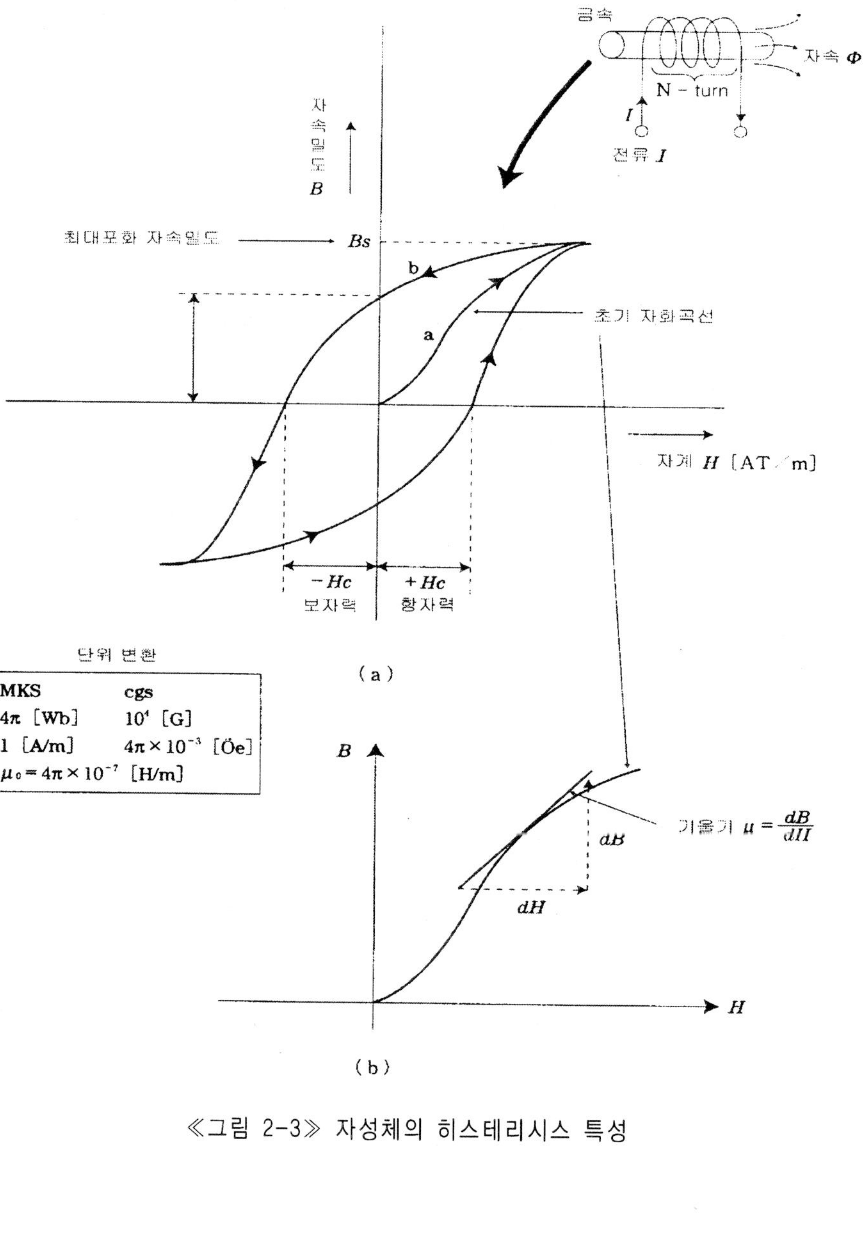

단위 변환

MKS	cgs
4π [Wb]	10^4 [G]
1 [A/m]	$4\pi \times 10^{-3}$ [Öe]
$\mu_0 = 4\pi \times 10^{-7}$ [H/m]	

≪그림 2-3≫ 자성체의 히스테리시스 특성

2.3 진공 중을 진행하는 전자파의 속도와 일반 매질을 진행하는 전자파(신호의) 속도는 어떻게 다를까?

(1) 전자파가 일반매질을 진행할 때 속도

일반매질을 전자파가 진행할 때 이 매질의 유전율 ϵ, 투자율 μ라 하면 전자파의 속도는 다음과 같이 나타난다.

$$v = \frac{1}{\sqrt{\epsilon\mu}}$$

여기서 $\epsilon = \epsilon_0\epsilon_r$, $\mu = \mu_0\mu_r$의 관계가 있기 때문에 위 식에 대입하면

$$v = \frac{1}{\sqrt{\epsilon_r\mu_r}} \cdot \frac{1}{\sqrt{\epsilon_0\mu_0}}$$

이고 $\epsilon_0 \fallingdotseq 8.8542 \times 10^{-12}$[F/m], $\mu_0 \fallingdotseq 4\pi \times 10^{-7}$[H/m]를 대입하면

$$\begin{aligned} v &= \frac{1}{\sqrt{\epsilon_r\mu_r}} \cdot \frac{1}{\sqrt{8.8542 \times 10^{-12} \times 4\pi \times 10^{-7}}} \\ &= \frac{3 \times 10^8}{\sqrt{\epsilon_r\mu_r}} \ \text{[m/s]} \end{aligned}$$

가 된다.

위 식으로부터 매질을 전파하는 전자파의 속도 v는 매질의 비유전율 ϵ_r과 비투자율 μ_r에 의해 결정된다는 것을 알 수 있다.

(2) 유전율 ϵ_0와 투자율 μ_0의 단위로부터 광속 c의 단위 [m/s] 구하기

유전율의 단위는 [F/m], 투자율의 단위는 [H/m]이기 때문에, 이것을 곱한 단위는 $[F \cdot H/m^2]$이 된다. 그림 2-2에서 콘덴서 C에 전류 I[A]가 시간 t[s] 만큼 흘러 전하

Q가 축적되었다고 하면, 이들 관계에는 Q = CV = It(C=It/V)의 관계가 성립된다. CV = It로부터 $[F]=[A \cdot s/V]$이 된다.

한편, 그림 2-3에 보이는 코일에 전류를 흐르게 하면 자속 Φ[Wb]가 발생하는데 외부로부터 자속을 받아 자속이 변화된 경우($d\Phi/dt$)에는 코일에 유도전압 v가 발생한다. 이를 수식으로 표현하면 $v=-d\Phi/dt=-L \cdot di/dt$의 관계가 있다. 즉 $[V]=[Wb/s]=[H \cdot A/s]$이므로 결국 $[H]=[V \cdot s/A]$이 된다. 따라서 유전율의 단위 [F/m]와 투자율의 단위는 [H/m]의 곱인 $[F \cdot H/m^2]$은 $[F \cdot H/m^2]=[(A \cdot s/V) \cdot (V \cdot s/A)/m^2]=[s^2/m^2]$이 된다. 여기서 ($\sqrt{\ }$)을 빼고, 역수를 취하면 속도의 단위가 됨을 알 수 있다.

(3) 진공중의 속도

비유전율 ϵ_r과 비투자율 μ_r을 가진 매질을 진행하는 전자파의 속도 v는 $v=\dfrac{3\times10^8}{\sqrt{\epsilon_r\mu_r}}$ [m/s]로 나타낼 수 있었다. 진행하는 매질이 진공중인 경우는 비유전율 ϵ_r과 비투자율 μ_r은 모두 1이 되기 때문에, 진공 중을 진행하는 속도를 c라 하면 $c=\dfrac{3\times10^8}{\sqrt{1\cdot1}}$ [m/s] $=3\times10^8$[m/s]가 된다.

예 전자파(신호)가 유전체(비유전율 $\epsilon_r=4.5$, 비투자율 $\mu_r=1$) 내부를 진행할 때 속도 계산

전자파의 속도 $v=c/\sqrt{4.5}=3\times10^8/2.12=1.41\times10^8$ [m/s]가 되어 공기 중을 진행하는 경우에 비해 약 반 정도의 속도가 된다. 다시 말해 유전체 안을 전자파가 진행할 때는 속도가 늦어지고, 이 속도는 유전체의 종류(비유전율 ϵ_r)에 따라 다르다. ▩

≪포인트≫

- 전자파가 진행하는 속도는 매질의 유전율 ϵ과 투자율 μ에 의해 결정된다.
- 이것은 전계와 자계가 상호 관련돼 있다는 것을 의미한다.

2.4 파장이 짧아지는 파장 단축이란?

전자파가 진공 중을 진행할 때의 파장에 비해 유전체(유전율 ϵ)와 자성체(투자율 μ) 안을 진행할 때에는 진행 속도가 늦어져 파장은 짧아진다. 이렇게 파장이 짧아지는 것을 파장 단축이라 부른다. 전자파의 주파수 f 와 속도 v와 파장 λ 간에는 다음과 같은 관계가 있다.

$$v = f \times \lambda$$

위 식에서 파장 λ가 변하여도 주파수 f 는 변하지 않기 때문에 전자파가 진행하는 매질에 따라 속도 v가 달라진다. 바꾸어 말하면 전자파 속도 v가 변화하기 때문에 파장 λ가 변화한다고 말할 수 있다.

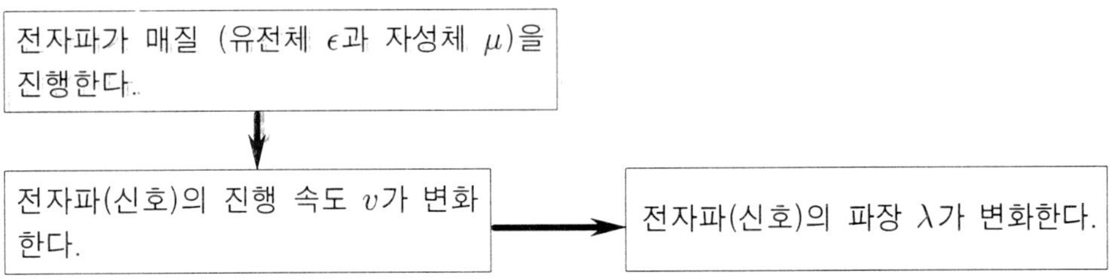

전자파의 주파수 f는 변화하지 않는다

예 유전체 (비유전율 $\epsilon_r = 4$, 비투자율 $\mu_r = 1$)의 경우

1GHz의 전자파(신호)가 유전체 (비유전율 $\epsilon_r = 4$, 비투자율 $\mu_r = 1$)의 PCB 내부를 진행할 경우를 고려하면 진공 중을 진행하는 경우에 비해 $\sqrt{4} = 2$, 즉 1/2 만큼 파장이 짧아진다. 따라서 신호가 진행하는 속도는 반이 된다. ■

PCB는 사용하는 재질에 따라 고유한 유전율 ϵ을 갖고 있다. 통상 PCB 배선재료의 비유전율 ϵ_r은 처리 조건을 정해서 1MHz의 값으로 측정된 것이 기재되어 있는데, 최근에는 고주파에 대비해서 1000MHz의 비유전율 ϵ_r이 기재되어 있는 데이터 시트도 있다. 이 비유전율은 PCB 배선 판의 처리조건에 따라서도 달라지는데, 유리에폭시기판(FR4)

에서는 4.5~4.9의 범위에 있다. 이 비유전율의 값은 주파수가 높아지면 낮아지는데 여기서는 유리에폭시기판(FR4)의 비유전율 ϵ_r을 약 4.8로 간주해서 계산한다. 이 PCB 상을 신호가 전송될 때는 이 비유전율 ϵ_r에 의해 진행 속도가 $1/\sqrt{\epsilon_r}$ 배 만큼 늦어진다.

다시 말해 유리에폭시기판 상에서는 진행하는 속도 v는

$$3 \times 10^8 \times 1/\sqrt{4.8} \fallingdotseq 1.37 \times 10^8 [\text{m /s}]$$

이 된다. $v = f \cdot \lambda$의 식에서 속도가 $1/\sqrt{4.8}$이 되면, 파장 λ가 $1/\sqrt{4.8}$ (약 반 정도)이 된다(그림 2-4). 신호가 유전체로 구성된 동축케이블을 진행할 경우도 그림 2-5에서처럼 동축케이블은 다양한 유전체로 채워져 있기 때문에 동축케이블 속을 전송하는 신호는 늦어져 파장 단축이 발생한다.

≪포인트≫

- 파장이 짧아지는 파장단축은, 매질의 유전율과 투자율에 의해 진행하는 신호의 속도가 늦어지는 것에 의해 발생한다.
- 속도가 늦어지면 파장은 짧아지지만 진행하는 신호의 주파수에는 변화가 없다.

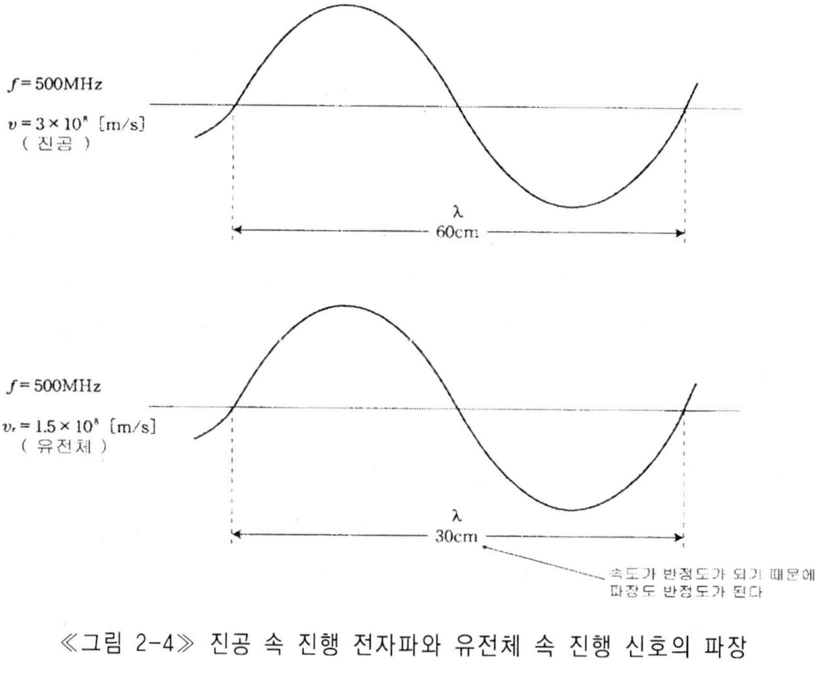

≪그림 2-4≫ 진공 속 진행 전자파와 유전체 속 진행 신호의 파장

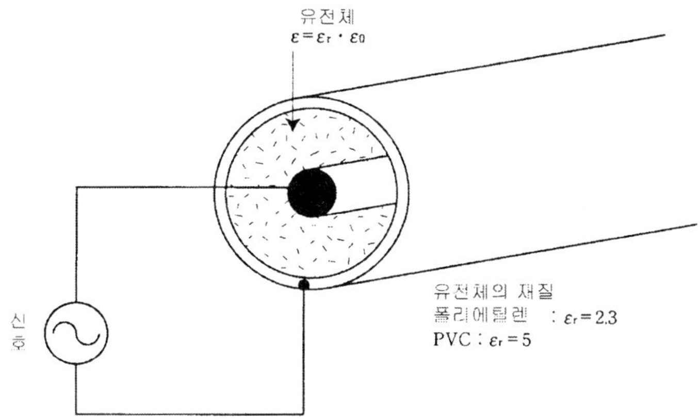

≪그림 2-5≫ 동축케이블

2.5 매체를 진행하는 전자파의 시간은 얼마만큼 걸릴까?

2.3절에서 언급했듯이 전자파가 공간(진공중)을 진행하는 속도 v는 3×10^8[m/s]이다. 주파수 1GHz(1×10^9)[Hz]인 경우, 파장을 계산하면 다음과 같다.

$$3 \times 10^8 = 1 \times 10^9 \cdot \lambda$$
$$\lambda = 3 \times 10^8 / 1 \times 10^9 = 0.3\ m$$

이것으로부터 1GHz의 파장 λ는 30cm가 된다. 같은 방법으로 2GHz의 주파수에서는 그 반인 15cm, 3GHz의 주파수에서는 10cm, 500MHz의 주파수에서는 60cm가 된다.

예 전자파가 공기 중과 PCB를 진행할 때의 시간

1GHz의 전자파가 공기 중을 진행할 때, 1파장 진행하는데 얼마큼의 시간이 걸리는지를 계산해 보면, 전자파는 1초 사이에 3×10^8[m] 진행하므로 1[1ns]에서는 $3 \times 10^8 \times 1 \times 10^{-9} = 0.3\,[m/ns] = 30\,[cm/ns]$ 가 된다. 즉 1GHz의 전자파가 공기 중을 진행할 때는 30cm 진행하는데 1[ns]의 시간이 걸린다. PCB에서는 속도가 반 정도가 되기 때문에 진행하는 시간이 2배인 2[ns]가 걸리게 된다(그림 2-6). ▩

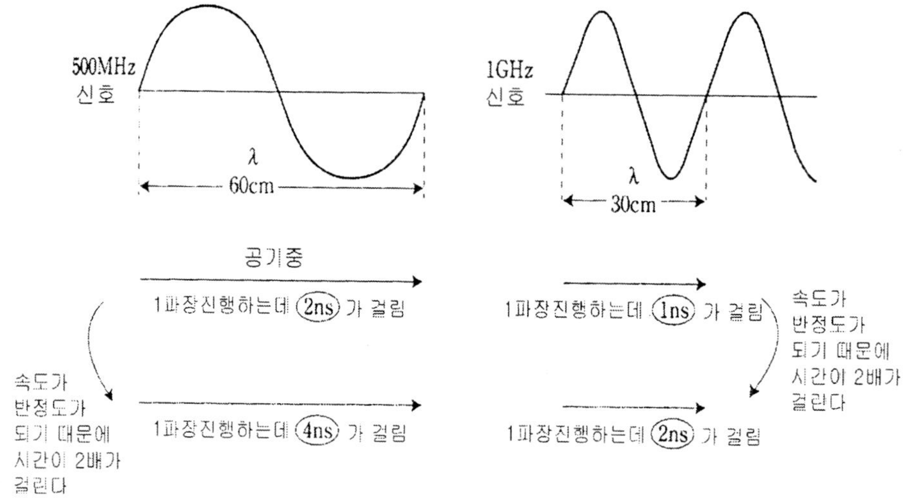

≪그림 2-6≫ 전자파가 공기와 PCB 속을 1파장 진행하는데 필요한 시간

주파수가 급격히 올라감에 따라서 전자기기 등에서 사용되고 있는 PCB와 전송선로의 크기가 상대적으로 파장에 대해 무시할 수 없을 정도의 크기가 되었다. 또 급속하게 보급되고 있는 휴대전화 등도 디지털 방식에서는 1.8GHz 정도의 주파수가 사용되고 있다. 퍼스널 컴퓨터의 MPU(MicroProcessor Unit)의 클럭도 빨라져 3GHz를 넘는 것도 출현하고 있다. 모든 전자기기의 처리능력 향상을 위해 사용되는 클럭 주파수는 고속화 되어가고 있다. 이런 점 때문에 이전에는 고려하지 않았던 특성들도 주파수가 높아짐에 따라 고려해야만 한다.

(1) 진행하는 신호의 파장이 짧아지면 어떤 현상이 발생할까

전자회로에서 사용하는 클럭의 주파수가 높아지면, 예를 들어 1GHz의 신호에서는 그림 2-6처럼 1파장의 길이가 30cm가 된다. 이 때 PCB를 이어주는 케이블의 길이가 30cm라 하면 이 케이블을 전송하는 상태는 그림 2-7의 (a)~(d)와 같이 된다. 이것은 30cm의 케이블 상에서는 항상 신호의 크기가 위치에 따라 변화하고 있음을 보여주고 있다.

또 10MHz의 신호(정현파신호 : 파장 30m)가 같은 30cm의 케이블을 전송할 경우를 생각해보면 그림 2-8과 같이 된다.

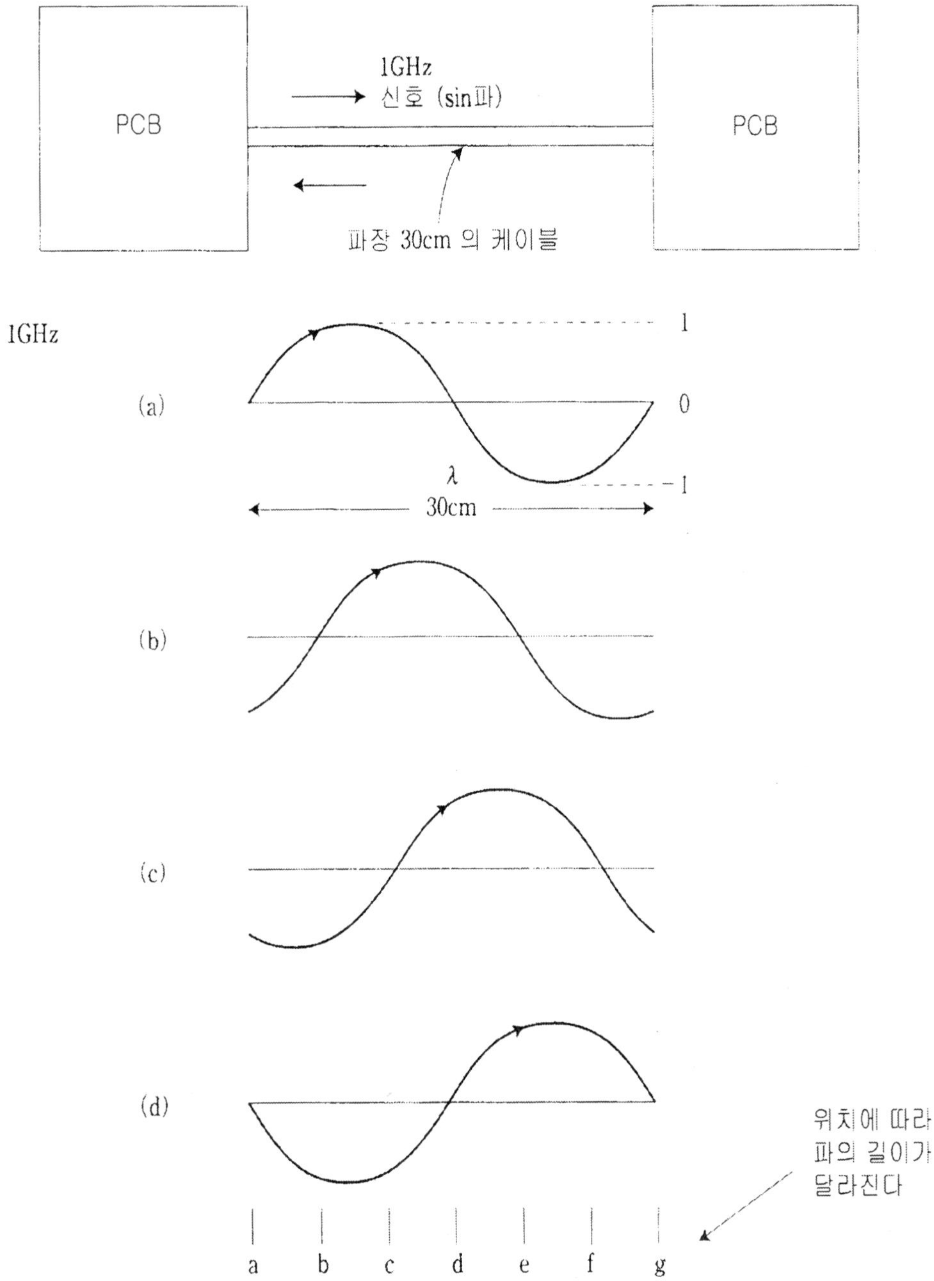

≪그림 2-7≫ 1GHz의 신호가 길이 30cm의 케이블을 진행할 때 파의 모습

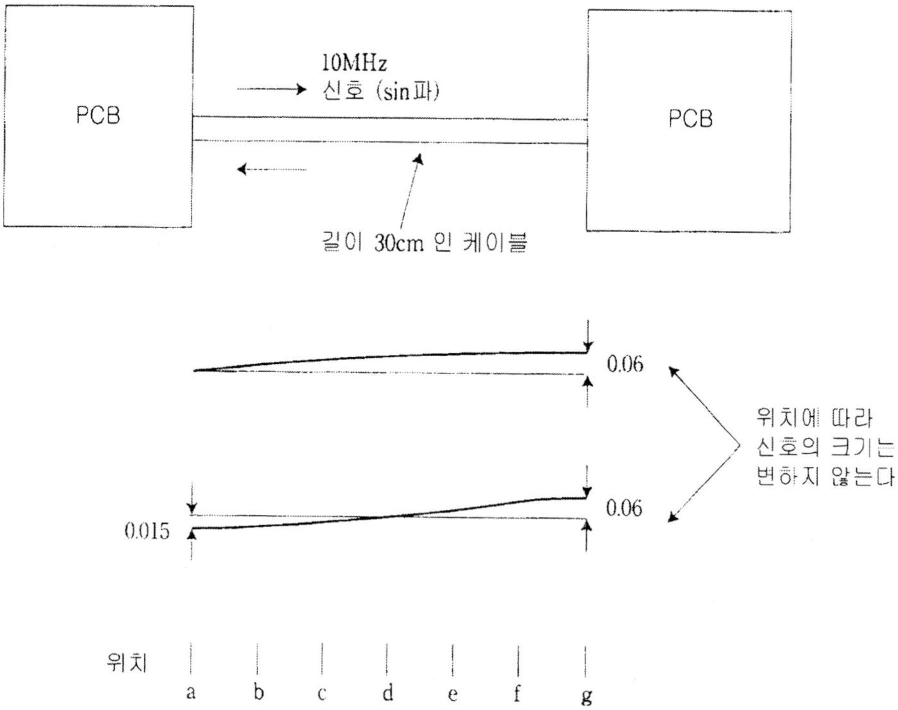

≪그림 2-8≫ 10MHz의 신호가 길이 30cm인 케이블을 진행할 때 파의 모습

이 경우는 10MHz의 신호 1파장이 30m이기 때문에 30cm의 1/100이 된다. 각도로 말하면 $360° \times 1/100 = 3.6°$ 이다. 이를 sin 값(신호가 정현파로)으로 계산하며 $sin3.6° = 0.062$로 되어, 최대치인 1에 비해 거의 무시할 수 있는 값이 된다. 이 경우는 케이블의 위치 따라 신호의 크기가 거의 변화하지 않음을 알 수 있다.

이렇게 유한한 길이의 전송회로를 진행하는 신호의 주파수가 높아지면, 신호의 파장이 전송회로의 길이에 비해 무시할 수 없게 된다.

≪포인트≫

- 1GHz의 전자파가 공기 중을(30cm의 거리를) 진행할 때에는 1ns가 된다.
- 1GHz의 신호가 PCB를(30cm의 거리를) 진행할 때에는 2ns가 된다.
- 주파수가 높아지면 파장이 짧아지고, 전송선로의 길이에 비해 무시할 수 없게 된다.

2.6 고주파와 표피심도(skin depth)와의 관계

전류는 주파수가 높아지면 도체 속을 일정하게 흐르지 않고 표면에만 흐르게 된다. 이것을 표피효과라 한다. 주파수가 높아지면 도체표면의 전류밀도가 높아진다(전류가 흐르는 부분의 면적이 적어진다). 그러므로 도체표면의 손실은 증가한다. 도체 내부의 어느 정도 깊이까지 전류가 흐르고 있는지를 나타내는 것으로 표피의 깊이(표피심도)가 있다. 이 표피심도 δ[m]는 표면을 흐르는 전류의 값에 비해 그 크기가 1/e (≒ 0.36)가 되는 점의 표면으로부터의 거리를 말한다.

표피심도 δ는 다음 식으로 나타낼 수 있다.

$$\delta = \frac{1}{\sqrt{\pi f \mu \sigma}} = \sqrt{\frac{\rho}{\pi f \mu}}$$

ρ : 도체의 저항률 $[\Omega \cdot m]$, σ : 도체의 전도도 $(1/\rho)$

μ : 도체의 투자율 $(= \mu_r \cdot \mu_0)$, 전송신호의 주파수 f [Hz]

위 식에서 표피심도는 도체의 저항률이 낮을수록, 주파수가 높을수록, 투자율이 높을(자성체)수록 작아진다. 유전체에서는 전류가 흐르지 않기 때문에 유전율과는 무관하다.

예 표피심도 δ의 계산

도체가 동(銅)인 인쇄된 전송선로의 경우(일반적으로 동박(銅薄)의 두께는 18μm 또는 35 μm)동의 저항율 $\rho = 1.72 \times 10^{-8}$ $[\Omega \cdot m]$이고 비투자율 $\mu_r = 1$이기 때문에 투자율 $\mu = 4\pi \times 10^{-7}$ $[H/m]$, 주파수 $f\,[MHz]$로 표시하면 표피심도 δ는

$$\begin{aligned}\delta &= \sqrt{1.72 \times 10^{-8}} / \sqrt{\pi f \times 10^{-6} \times 4\pi \times 10^{-7}} \ [m] \\ &= \frac{0.066}{\sqrt{f}} \ [mm]\end{aligned}$$

이다.

50Hz 신호를 전송하는 경우 : $\delta = 9.3mm$

1KHz 신호를 전송하는 경우 : $\delta = 2.08mm$

10 MHz 신호를 전송하는 경우 : $\delta = 20.8\mu m$

100 MHz 신호를 전송하는 경우 : $\delta = 6.6\mu m$

1GHz 신호를 전송하는 경우 : $\delta = 2.08\mu m$

인쇄된 전송선로의 동박 두께를 $18\mu m$로 하면, 10MHz의 신호는 동박 전체에 전류가 흐르고 100 MHz 신호는 표면에서 1/3인 곳에 전류의 60% 정도가 흐르게 된다. 그림 2-9는 주파수 $f\,[MHz]$와 표피심도 $\delta\,[\mu m]$의 관계를 그래프로 나타낸 것이다. ▩

≪**포인트**≫

- 표피심도 δ는 도체의 저항률 ρ, 투자율 μ와 신호의 주파수 f에 대한 함수로 표현된다.
- 표피심도 δ는 전송 주파수 f의 제곱에 반비례한다.
- 동박의 두께가 표피심도 δ의 2배가 되면 원하는 대부분의 전류를 표피를 통해서 흐르게 할 수 있다.

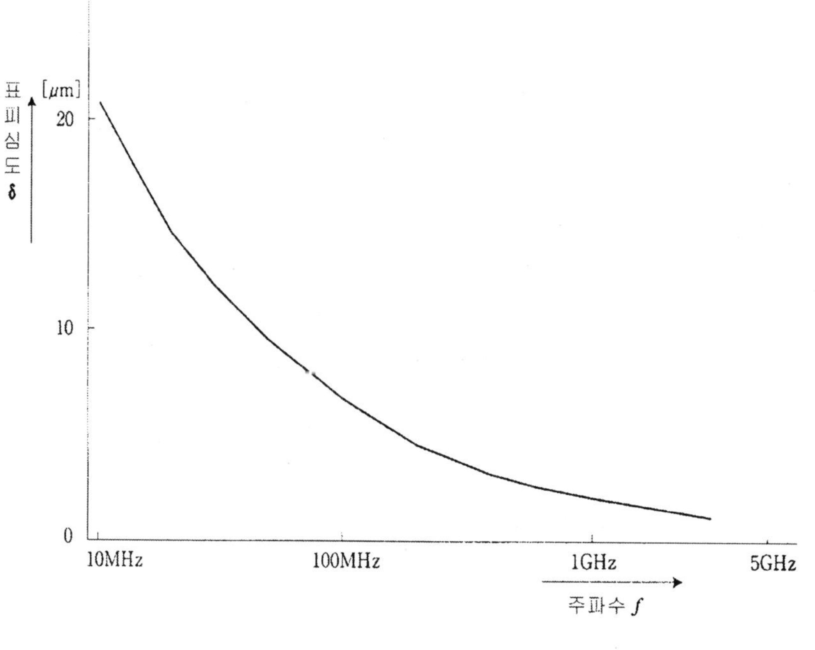

≪그림 2-9≫ 표피심도 δ와 주파수 f의 관계

3

고주파 환경에서 수동소자의 특성변화

디지털회로에 사용하는 펄스에 고주파 성분을 가진 신호가 포함되면 사용 소자들의 성능이 변화된다. 실측 데이터를 통해 각각의 수동소자(저항, 콘덴서, 인덕터 등)의 특성변화에 대해 알아본다.

3.1 디지털회로에서 사용하는 펄스의 주파수 스펙트럼

(1) 정현파와 펄스의 차이

아날로그 회로에서는 정현파(sine파) 이외의 신호를 펄스라고 한다. 펄스에는 그림 3-1과 같은 구형파(矩形波), 삼각파(三角波)나 태형파(台形波)가 있다. 디지털 회로에서는 대부분의 경우 클럭으로 구형파와 같은 펄스 신호가 이용되고 있다. 이 펄스 신호는 통상 듀티비(duty rate : 펄스의 Hi레벨과 Lo레벨의 존속 비율을 말한다. 듀티비 50%란 Hi레벨과 Lo레벨의 존속 시간이 같다는 것을 의미한다.)가 50% 혹은 25%이다. 그림 3-2에 보이는 이상적인 정현파 주파수 스펙트럼은 f_0로만 이루어진다. 이에 반해 펄스는 주기 T_0에 해당하는 주파수 f_0(기본파)와 2배 주파수(2차 고조파) $2f_0$, 3배 주파수(3차 고조파) $3f_0$, 그 이상의 고차주파수(nf_0) 스펙트럼을 포함하고 있다.

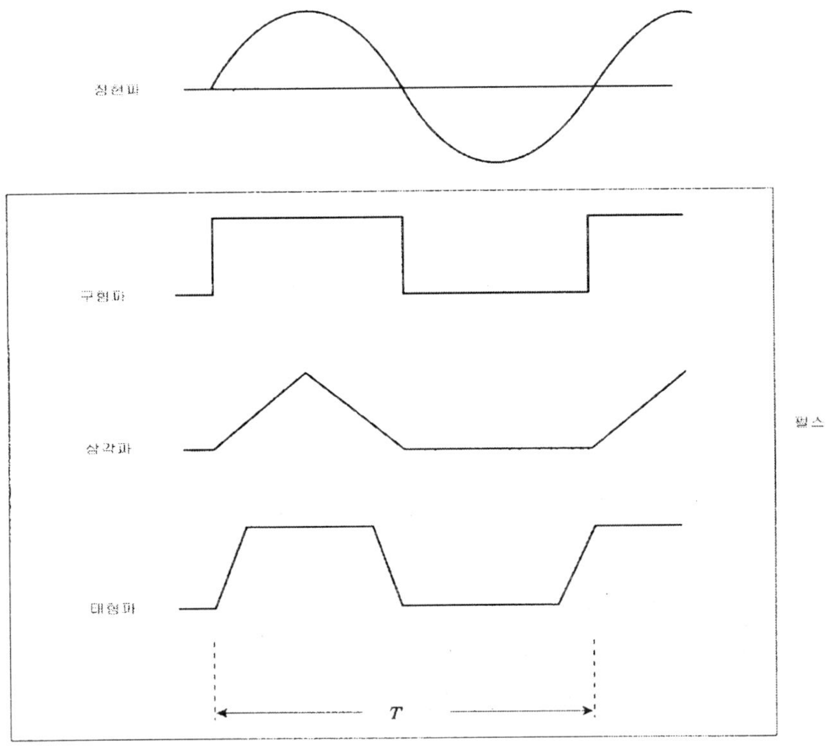

≪그림 3-1≫ 정현파와 펄스

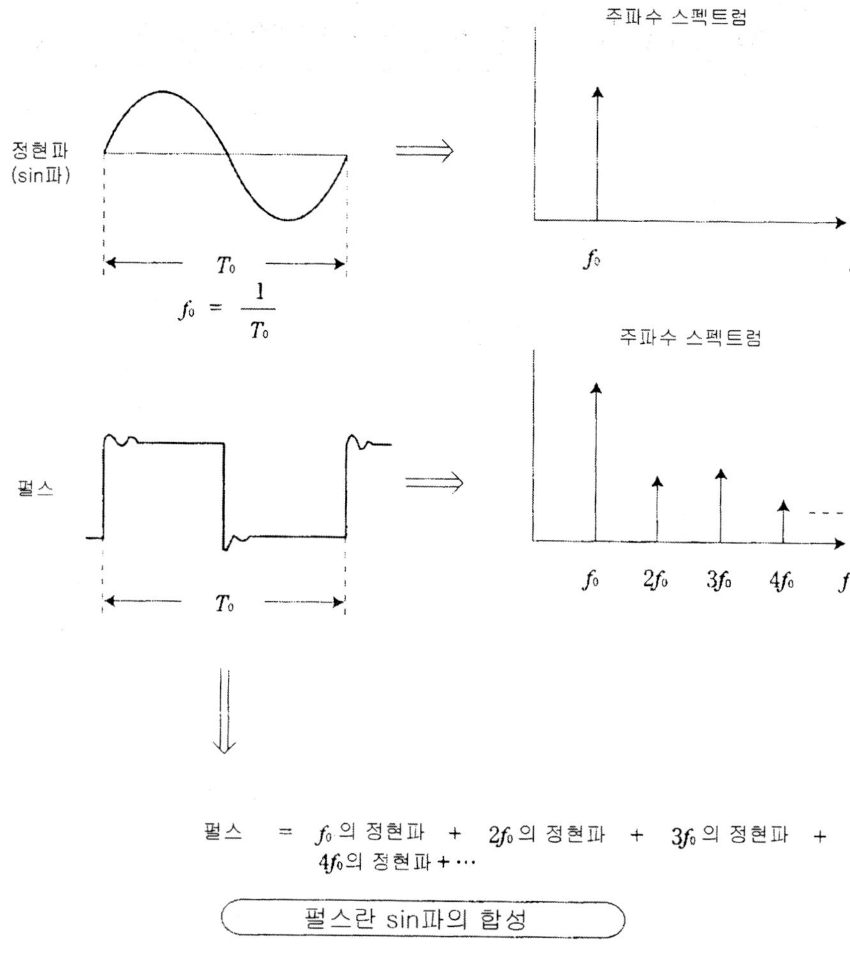

≪그림 3-2≫ 정현파와 펄스의 주파수 스펙트럼

(1) 펄스의 주파수 성분은 어떻게 표현할 수 있을까

① 태형파의 주파수 성분

태형파는 그림 3-3(a)에서처럼 주기 T, 진폭 A, 상승과 하강 시 기울기(α)를 갖고 있다. 이 태형파는 디지털 회로에서 사용되는 구형파의 상승, 하강 기울기가 완만한 파형라고 간주할 수 있다. 실제 디지털 회로에서 사용하는 클럭은 상승시간이 0(이때 기울기는 무한대 이다.)인 구형파가 아니라 유한한 상승 시간을 갖는 태형파가 된다. 이것은 펄스가 고속(주파수가 높아진다)이 되면 IC내부의 회로와 신호를 전송하는 회로의 주파수 특성에 의해 결국에는 파형이 무디어져 태형파와 비슷한 모양으로 변형된다. 이 태형파의 스펙트럼을 퓨리에 급수(제9장 참조)로 전개하면 다음과 같은 식을 얻을 수 있다.

$$y(\omega t) = \frac{2A}{\pi\alpha}\left(sin\alpha sin\omega t + \frac{1}{3^2}sin3\alpha sin3\omega t + \frac{1}{5^2}sin5\alpha sin5\omega t + \cdots\right) \tag{3.1}$$

② 구형파의 주파수 성분

구형파는 펄스의 상승시간이 0인 이상적인 펄스이다. 그림 3-3(a)에 보이는 태형파의 상승시간 α를 0으로 하면, 그림 3-3(b)처럼 구형파를 얻을 수 있다. 즉 식 (3-1)을 다음과 같이 변형하면

$$y(\omega t) = \frac{2A}{\pi}\left(\frac{sin\alpha}{\alpha}\cdot sin\omega t + \frac{1}{3}\cdot\frac{sin3\alpha}{3\alpha}\cdot sin3\omega t + \frac{1}{5}\cdot\frac{sin5\alpha}{5\alpha}\cdot sin5\omega t + \cdots\right)$$

$\alpha\rightarrow 0$이면 $\lim\frac{sin\alpha}{\alpha} = 1$, $\lim\frac{sin3\alpha}{3\alpha} = 1$, $\lim\frac{sin5\alpha}{5\alpha} = 1$이 되기 때문에

$$y(wt) = \frac{2A}{\pi}\left(s\,inwt + \frac{1}{3}sin3wt + \frac{1}{5}sin5wt + \cdots\right) \tag{3.2}$$

이 되어, 구형파의 푸리에 급수 전개식이 구해진다. 태형파와 구형파의 스펙트럼 크기를 비교해서 나타내면 그림 3-4와 같이 된다. 이 그림에서 구형파의 스펙트럼과 비교했을 때 태형파의 스펙트럼이 작다는 것을 알 수 있다. 이것으로부터 태형파와 같이 파형의 기울기를 완만하게 하는 것이(α를 크게 한다) 파형의 스펙트럼 크기를 감소시키는 요인이 된다. 이와 같이 파형을 무디게 함으로써 자주 EMI를 예방하는 방법으로 사용된다.

≪포인트≫

- 실제로 이론과는 달리 스펙트럼의 레벨(전력)에 큰 차이가 있다. 식 (3.2)에서 우수차(2차, 4차, 6차, …)의 고조파가 0이다. 이것은 그림 3-3에 나타난 구형파의 파형이 이상적이어서, 즉 duty rate가 50%, 신호의 상승 시간이 0에 가깝고 리플이 없는 경우이다.
- 구형파에서 우수차의 스펙트럼은 0이 되어 있으나 실제 회로에서는 이상적인 파형을 얻을 수 없다.
- 태형파는 구형파에 비해서 스펙트럼의 크기가 작다.

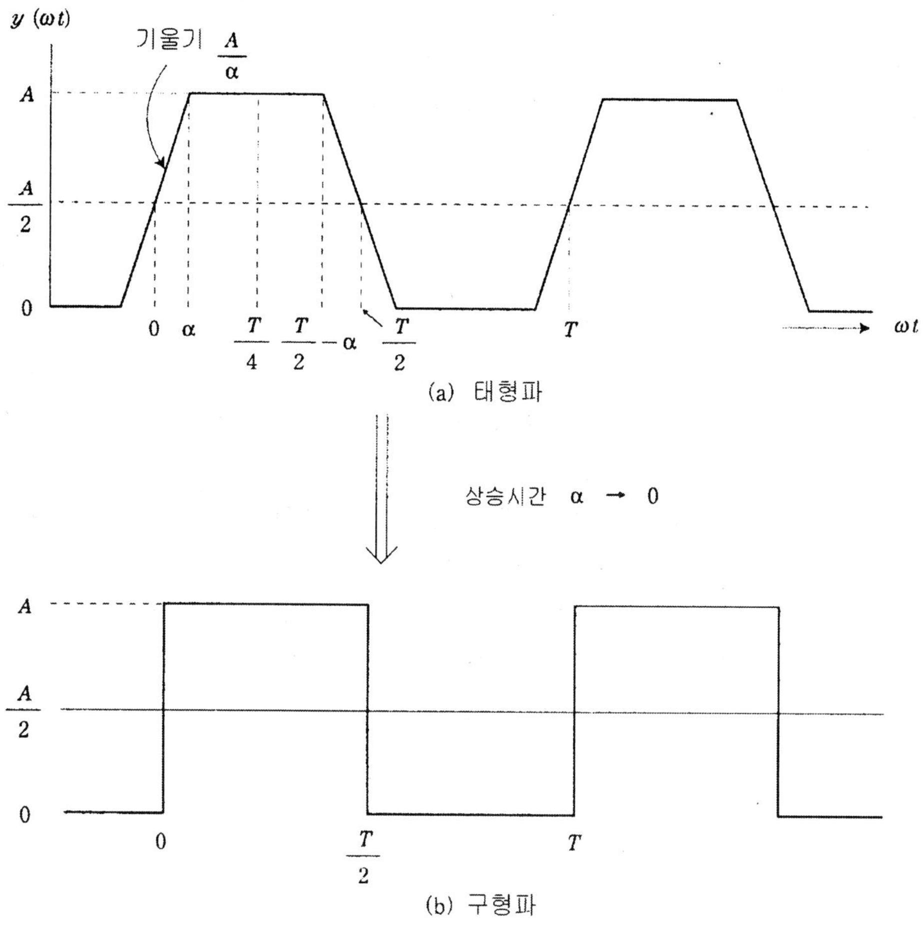

≪그림 3-3≫ 태형파와 구형파

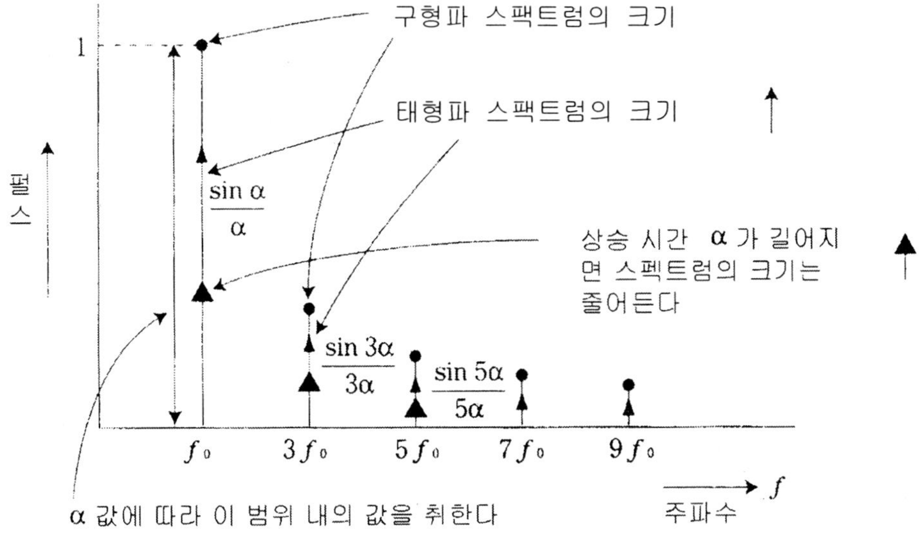

≪그림 3-4≫ 구형파와 태형파의 스펙트럼 크기의 비교

3.2 펄스란 주파수가 다른 정현파 신호의 합이다

(1) 펄스란 주파수가 다른 정현파신호의 집합

펄스가 정현파신호의 집합이라는 것을 확인하기 위해서 그림 3-5에는 펄스와 주기가 같은 정현파(기본파라 한다)와 그 정현파의 1/3 주기이고 크기가 1/3인 정현파(제 3차 고조파), 1/5 주기이고 크기가 1/5인 정현파(제 5차 고조파)가 나타나 있다. 기본파와 제 3차고조파를 더하면 원래의 파형과 유사해짐을 알 수 있다(그림 3-5(a)). 이것은 1차에서 3차까지의 주파수성분은 통과시키고, 5차 이후의 고조파는 차단하는 회로에 해당된다. 그림 3-5(b)는 5차 고조파까지 더함으로써 원래의 파형에 더욱 가까워짐을 알 수 있다. 그러나 7차 이후의 고조파를 가산하지 않았기 때문에 합성된 파형은 아직 많은 리플을 포함하고 있다.

그림 3-6에서 전송패턴과 증폭기에 펄스를 인가하고 출력파형을 관찰하는 것은, 펄

스와 동일한 주파수의 기본파, 3배 주파수(3차의 고조파), 5배 주파수(5차의 고조파), n배 주파수(n차의 고조파)의 정현파 신호를 각각 인가해서 출력된 신호를 합성한 것과 같다. 따라서 펄스를 전송할 때 개개의 정현파신호에 대한 회로 응답을 고려해야 한다. 그림 3-5 (b)의 리플은 유한한 차수까지만 더한 것이고 무한대까지 더하면 사라진다. 펄스 신호를 전송시키기 위해서는 광대역인 전송로, 다시 말해 주파수가 높은 정현파를 통과시킬 필요가 있다.

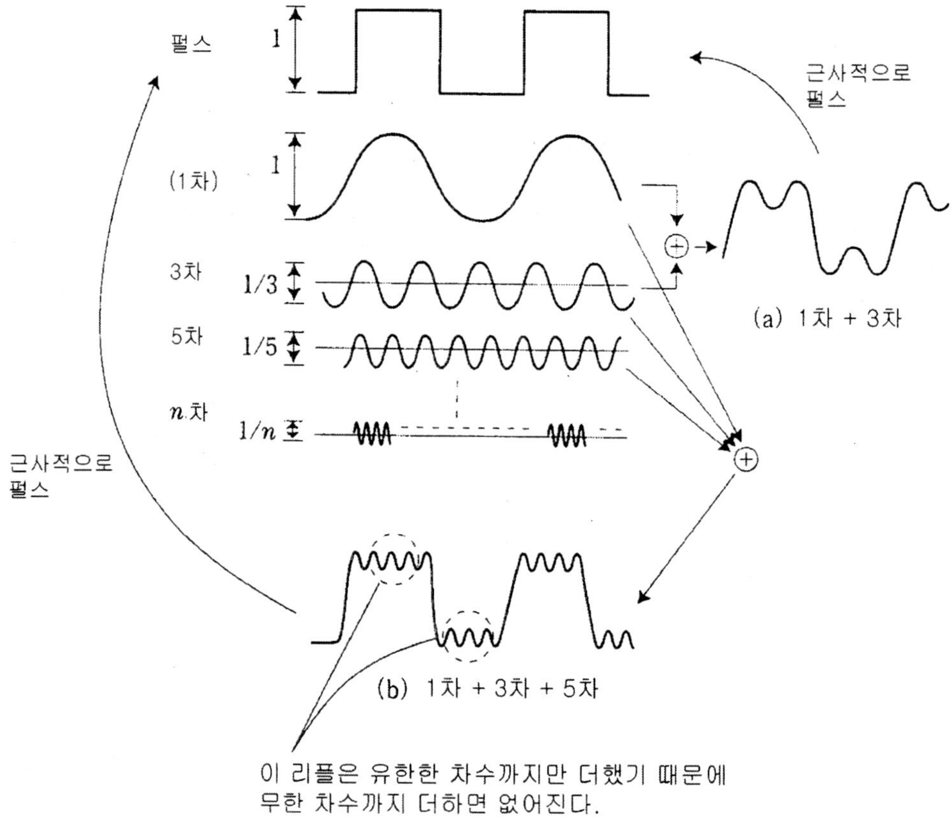

≪그림 3-5≫ 펄스는 정현파의 집합

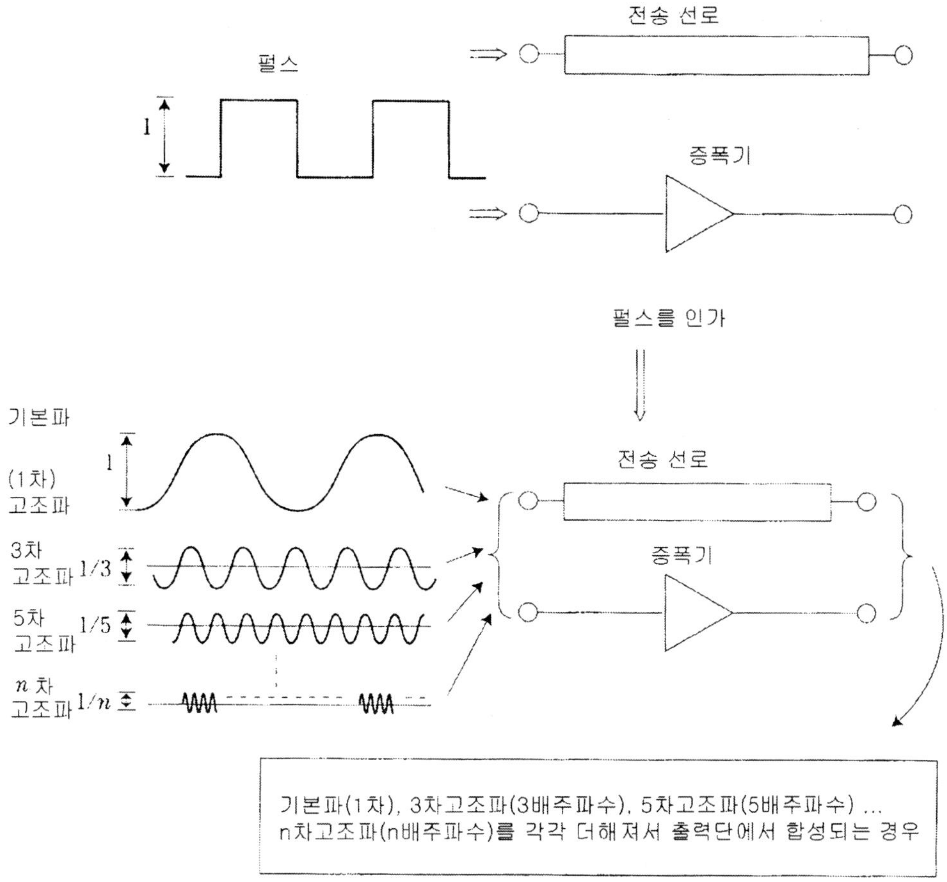

≪그림 3-6≫ 회로에 펄스를 인가할 경우

(2) 펄스의 파형이 변화하는 것은 어떠한 것인가

그림 3-7은 구형파에 포함된 제3고조파 V_3의 위상, 진폭이 변화했을 때 기본파와 제3고조파성분을 합성했을 때의 모양을 보여주고 있다. 그림에서 구형파의 기본파 성분으로 V_1을, 제3고조파 성분으로 V_3를 나타내고 있다. V_1과 V_3를 합성한 것을 (e)에 $V_1 + V_3$로 점선으로 표시하고 있다. 제3고조파 V_3의 위상이 90도 늦은 파형을 (c)에 $V_3(90^\circ)$ 로서 나타내고 있다. 또 제3고조파 V_3에 대해서, 진폭이 2배로 변화된 것을 $2V_3(90^\circ)$로 (d)로 나타내고 있다. 그림 (e)는 기본파 V_1과 제3고조파의 위상이 90도 늦은 경우의 합성파를 $V_1 + V_3(90^\circ)$로 실선으로 표시하고 있다. 또 제3고조파의 위상

이 90도 늦어 2배로 변화한 것과 기본파 V_1과의 합성파를 $V_1 + 2V_3(90°)$으로 그림 (f)에 나타내었다. 이들로부터 제3고조파의 위상과 진폭이 변화했을 때의 합성파는 그림 (e)의 점선으로 표현된 원래 파형 $(V_1 + V_3)$에 비해 크게 변화되었음을 알 수 있다.

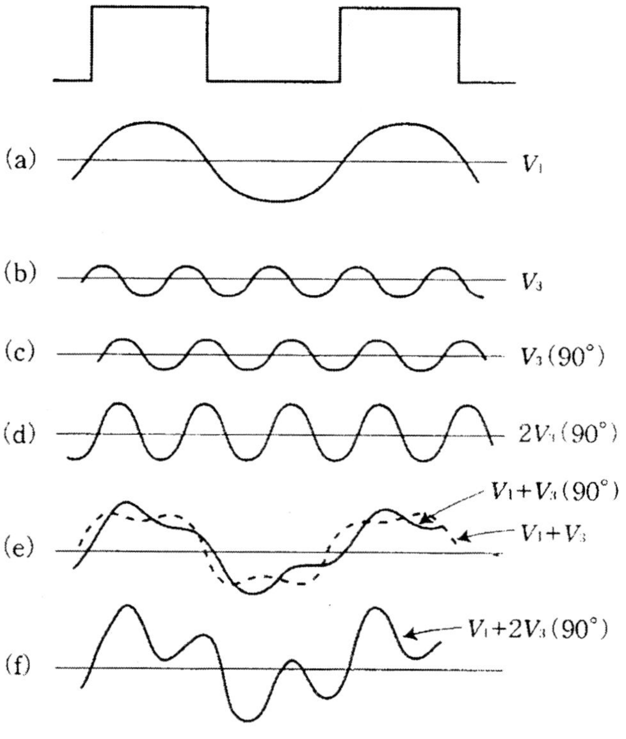

≪그림 3-7≫ 펄스에 포함되는 고주파의 위상과 진폭이 변화했을 때의 합성파

≪포인트≫

- 펄스란 주파수가 다른 정현(sine)신호의 집합이다. 이 하나하나의 고조파가 전송되지 않으면 출력된 펄스 파형에 영향을 미친다.
- 펄스를 취급할 경우 펄스에 포함된 고조파 성분을 고려할 필요가 있다.
- 펄스에 포함되어 있는 주파수 성분의 정현파 크기와 위상이 변화하면 원래 펄스 파형도 변화한다.
- 이 파형에 변화를 주는 요인에는 전송로의 주파수 특성, 위상 특성, 전송신호의 임피던스 매칭의 불일치 등이 있다. 이러한 특성에 따라 고차 주파수의 정현파 진폭특성과 위성특성이 변화한다.

3.3 펄스의 상승, 하강에 포함되는 주파수성분

(1) $f_c[MHz] = \frac{0.35}{t_r[\mu s]}$ 의 관계

일반적으로 인쇄된 전송선로와 IC를 포함하는 전송회로는 인쇄된 전송선로의 저항성분 R과 인쇄된 전송선로가 GND에 대해 갖는 정전용량 성분과, 신호가 전송되는 다음단의 IC 입력정전용량(예를 들면 CMOS에서는 5pF)이 더해져서 정전용량 C가 되기 때문에 그림 3-8처럼 R과 C의 적분회로로 구성되어 있다. 증폭기 등의 회로도 기본적으로는 저항 R과 입력용량 C가 있어 적분회로로 나타낼 수 있다.

입력신호의 크기가 A인 단위 스텝 신호가 이 적분회로에 입력되었을 때의 응답을 $V(t)$라 하면 다음과 같이 나타낼 수 있다.

$$V(t) = A(1 - e^{-\frac{1}{CR}}) \tag{3.3}$$

여기서 신호의 상승시간 t_r과의 관계를 구하면 상승시간은 진폭 A의 10%에서 90%까지의 시간으로 정의되기 때문에, 식 (3.3)에서 $V(t)$가 0.9A가 되는 시간 t_1과 0.1A가 되는 시간 t_2를 구해서 $t_2 - t_1$을 계산하면 신호의 상승시간 t_r은 $t_r = t_2 - t_1 = 2.2CR$이 된다.

다음으로 이 적분회로의 전달계수는 입력신호 V_i에 대한 출력신호 V_o의 관계로 다음과 같이 나타낼 수 있다.

$$V_o/V_i = \frac{\frac{1}{j\omega C}}{(R + \frac{1}{j\omega C})} = \frac{1}{1 + j\omega CR}$$

이 식에서 진폭(V_o/V_i)이 3dB($= \frac{1}{\sqrt{2}}$) 저하했을 때의 차단주파수를 f_c(주파수 대역)라 하면, $f_c = \frac{1}{2\pi CR}$이 되기 때문에 앞에서 구한 $t_r = 2.2CR$을 대입하여 차단주파수 f_c와 신호의 상승시간 t_r과의 관계를 구하면, $f_c = \frac{0.35}{t_r}$가 된다.

상승시간 t_r의 단위를 [μs]로 나타내면, 차단주파수 f_c의 단위는 [MHz]가 된다. 그림 3-8에 보이듯이, 이 차단주파수 f_c는 6dB 저하까지 고려하면, $1.5f_c$, 9dB 저하에서는, $2f_c$가 된다. 예를 들어 이 신호의 상승시간을 1.5ns라 하면 233MHz까지의 정현파(고조파성분)를 포함하게 된다. 펄스를 전송시키는 전송선로의 주파수특성과 위상특성에 의해 펄스에 포함되는 고조파의 진폭이 변화된다. 또한 전송선로의 위상특성에 의해 고조파의 위상이 진행하거나, 늦어지는 것을 고려할 수 있다. 이러한 경우에는, 원래의 신호는 그림 3-7에 나타나듯이 그 크기와 모양까지 변화되어 버린다. 나중에 설명하겠지만 전송회로가 분포정수 특징을 띄게 되어 적절한 처리를 하지 않으면 신호의 반사가 발생되어 펄스 파형이 변화되어 버린다.

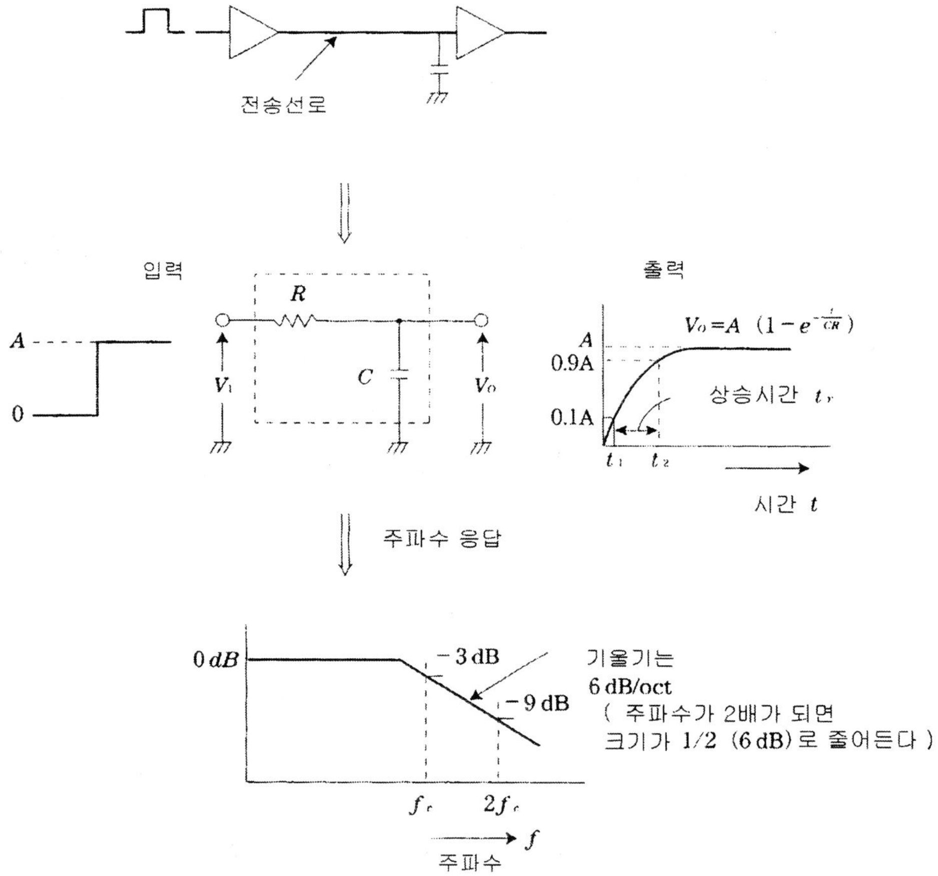

《그림 3-8》 펄스의 상승시간 t_r과 주파수 특성

3.4 고주파 환경에서 소자의 특성

(1) 고주파에서는 소자의 성능이 변한다.

고주파가 되면, 전자부품의 형태와 구조에 의해 저주파 회로에서는 무시할 수 있었던 스트레이 커패시턴스(stray capacitance : 표유정전용량(漂遊靜電容量) 소자의 구조와 부품의 PCB 위에 소자가 장착된 형태에 의해 발생되는 부유정전용량 성분), 스트레이 인덕턴스(일정한 선의 길이에 의해 발생하는 부유인덕턴스 성분)와 스트레이 저항(길이와 굵기에 의해 정해지는 성분)이 나타나게 된다. 소자의 주파수특성이란 주파수를 변화시켰을 때, 저항에서는 저항값의 변화, 콘덴서나 인덕터에서는 임피던스값의 변화, 트랜지스터에서는 증폭도와 h파라메타(예를 들면, 입력임피던스 h_{ie}, 전류 증폭도를 나타내는 h_{fe} 등) 등의 변화를 말한다. 이렇게 주파수에 따라서 변화하는 특성에는 콘덴서와 인덕터의 임피던스특성과 증폭기(증폭기는 IC, 트랜지스터, 저항, 콘덴서, 인덕터 등으로 이루어져 있다)에서는 이득(Gain) 특성과 위상 특성이 있다.

전자부품은 이러한 부유성분이 존재하기 때문에 주파수가 높아지면 소자의 주파수 특성이 변화하게 된다. PCB에서는 주파수가 높아지면 인쇄된 배선의 인덕턴스, 패턴과 패턴 사이의 스트레이 커패시턴스, 패턴과 GND 사이의 정전용량 등에 의해 인쇄된 전송선로의 주파수특성이 변화한다. 이렇게 주파수가 높아지면 소자의 형태나 구조 또는 기판에 장착된 소자에 의해 기인하는 스트레이 커패시턴스와 스트레이 인덕턴스의 영향을 무시할 수 없게 된다. 이러한 환경을 개선하기위해서 소자를 소형 경량 고집적화 시킴으로써 고주파에서의 이들 부유성분은 작아져서 고주파 특성이 개선된다.(그림 3-9(a))

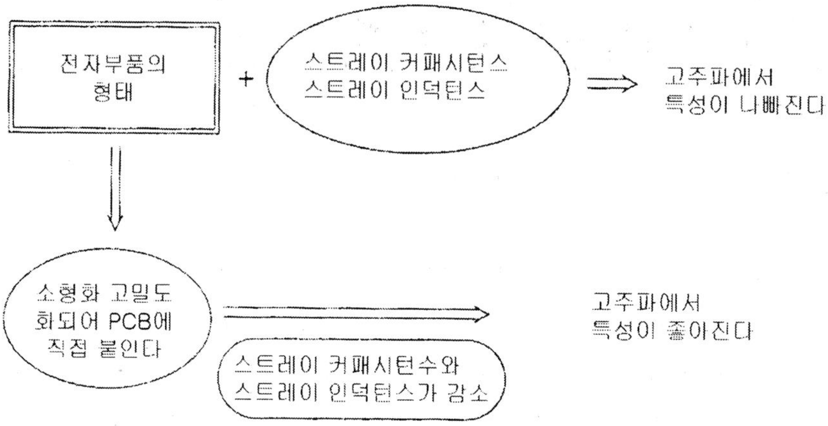

(a) 스트레이 성분이 소형화 되면 적어진다

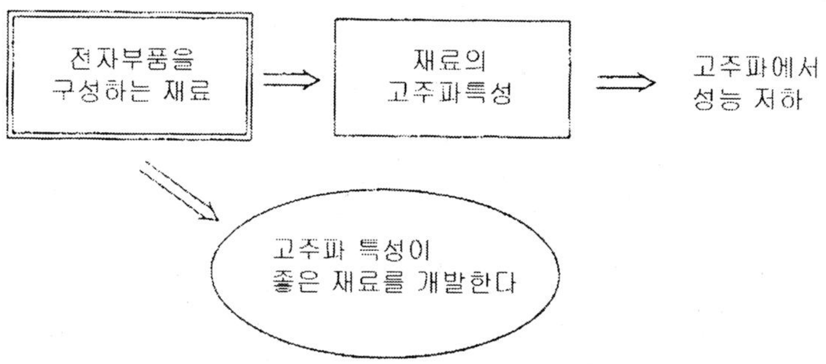

(b) 고주파 특성이 좋은 재료의 개발

≪그림 3-9≫ 고주파에서 특성을 결정하는 스트레이 성분과 재료의 특성

(2) 전자부품을 구성하는 재료의 주파수 특성에 대한 성능 저하

그림 3-9(b)는 주파수가 높아지면 부품을 구성하는 재료 자체의 주파수 특성도 고려하지 않으면 안 되는 또 다른 측면이다. 예를 들어 저항이나 인덕턴스라면 그 재질과 콘덴서의 성능이고 PCB라면 콘덴서와 기판을 구성하고 있는 유전체의 비유전율 ϵ_r의 성능이다. 이 비유전율 ϵ_r 값의 변동은 유전율 $\epsilon(\epsilon = \epsilon_0 \cdot \epsilon_r)$값의 변화를 초래해서 임피던스 특성과 인쇄된 전송선로의 특성임피던스 값이 변화하게 된다. 향후 고주파화에 따른 대책과 전자부품기술의 방향성을 나타내면 그림 3-10처럼 될 것이다.

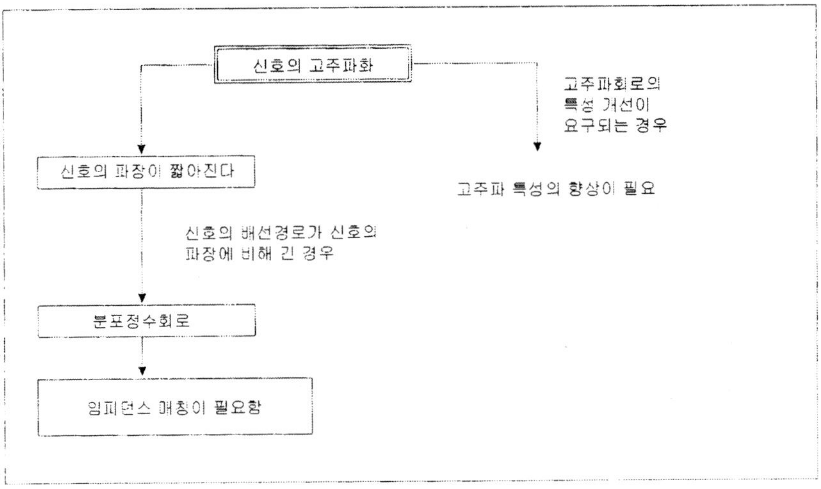

고주파가 되면 신호의 파장과 신호를 전송하는 회로와의 크기 관계가 중요

전자부품기술의 향후 전망

1. 고밀도 칩들의 장착에 따른 소형화, 경박, 경량화 진행
2. 전자부품의 특성을 고주파까지 확장하기위해 전자부품을 소형화시켜 부유정전용량과 부유인덕턴스 성분을 감소시킨다.
3. 기존의 재료특성에 기인한 주파수 특성 저하의 한계에서 신규 재료로 변경함에 따라 고주파 특성이 향상된다.
4. 기존의 능동 및 수동소자를 PCB에 복합 탑재하여 고주파 특성을 향상 시킨다.

≪그림 3-10≫ 신호의 고주파화에 따른 대책과 전자부품 기술의 향후 전망

3.5 저항의 고주파 특성

(1) 스트레이 인덕턴스에 의한 영향

저항의 주파수 특성은 주파수가 낮을 때는, 그림 3-11에서 보는 것처럼 주파수가 변화해도 저항값은 일정하다. 그러나 주파수가 증가하면 저항의 구조와 형태에 의해

스트레이커패시터 C_s와 유한한 길이에 따른 스트레이 인덕턴스 L_s가 발생해 그림 3-12(a)와 같이 저항에 직렬로 인덕터 Ls가 부가된 회로가 생성된다. 여기서 스트레이 인덕턴스 Ls를 10nH/cm로 하면, 1mm당 스트레이 인덕턴스의 값은 1nH가 된다.

1GHz의 신호에 대한 스트레이 인덕턴스에 의한 임피던스 Zs를 구해보면 $Z_s = j2\pi f L_s = j2\pi \cdot 1 \times 10^9 \times 1 \times 10^{-9} = j6.28\Omega$이 된다.

저항치 R이 10Ω이라 하면 1GHz의 신호에서는 10Ω과 6.28Ω이 직렬로 연결되므로 합성된 임피던스 Z는 $10 + j6.28$ $[\Omega]$(임피던스의 크기 $|Z| = 11.8\Omega$)이 된다. R이 100Ω이라면 합성된 임피던스 Z는 $100 + j6.28$ $[\Omega]$ ($|Z| = 100.2\Omega$)이 되고 저항치가 작을수록 스토레이인덕턴스에 의한 영향이 커지게 된다.

(2) 스트레이 커패시턴스에 의한 영향

예를 들어 스트레이 커패시티 C_s를 1pF이라고 했을 때, 1GHz에 대한 임피던스는 $Z_s = 1/j2\pi f C_s = 1/j(2\pi \times 1 \times 10^9 \times 1 \times 10^{-12}) \fallingdotseq \frac{160}{j}\Omega$이 된다. 따라서 R이 10Ω이라 하면 1GHz에서 임피던스의 크기는 10Ω과 $\frac{160}{j}\Omega$이 병렬로 접속된 것이 되어 약 9.9Ω이 된다. 이 정도의 저항치는 스트레이 커패시턴스의 영향은 거의 없지만 저항치가 증가하면 스트레이 커패시티에 의한 영향은 커진다. 저항의 크기를 $1k\Omega$으로 하고 스트레이 커패시티의 크기는 같다고 하면 합성된 임피던스의 크기는 $1k\Omega$과 $\frac{160}{j}\Omega$이 병렬이 되기 때문에 약 158Ω이 된다. 이와 같이 합성된 임피던스는 스트레이 커패시티에 의해 커다란 영향을 받게 된다.

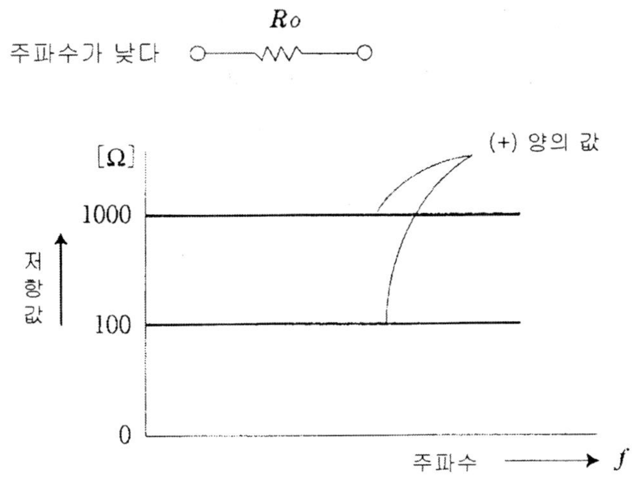

≪그림 3-11≫ 주파수가 낮을 때의 저항값의 특성

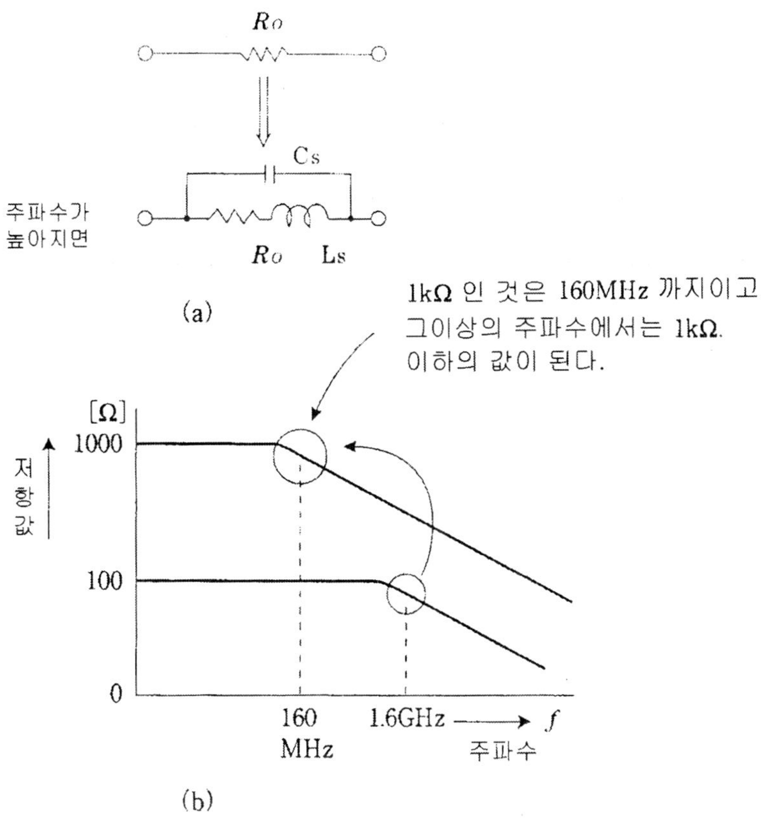

≪그림 3-12≫ 주파수가 높을 때 저항값의 특성

스트레이 인덕턴스 L_s에 의한 영향을 무시하고 저항에 콘덴서가 병렬로 더해진 경우 저항의 주파수특성을 고려하면 그림 3-13(a)과 같고 저항치가 증가할수록 주파수특성($f = \dfrac{1}{2\pi C_s R}$)이 저하됨을 알 수 있다. 그림 3-13(b)는 4.7kΩ 칩저항에 대한 500MHz까지의 임피던스의 주파특성(실측치)을 나타내고 있다. 그림 3-13(a)에서 회로의 임피던스 Z를 계산하면 저항 R과 콘덴서 C_s가 병렬회로이기 때문에 다음과 같이 된다.

$$Z = R \parallel \frac{1}{j\omega C_s} = \frac{R\dfrac{1}{j\omega C_s}}{(R + \dfrac{1}{j\omega C_s})} = \frac{R}{1 + j\omega C_s R}$$

여기서 임피던스의 크기 $|Z| = \dfrac{R}{\sqrt{1 + (\omega C_s R)^2}}$ 이 된다.

따라서 임피던스 $|Z|$가 $1/\sqrt{2}$(3dB 감소=$20log0.5$)이 되는 지점은 $\omega C_s R = 1$일 때이고 주파수 f_c(차단주파수)는 $f_c = 1/2\pi C_s R$이 된다.

≪**포인트**≫

- 고주파에서 사용하는 저항치는 가능한 한 작은 것을 사용하는 것이 유리하다.
- PCB에 장착하는 형태에 따라서 스트레이 커패시턴스 C_s는 다르다.

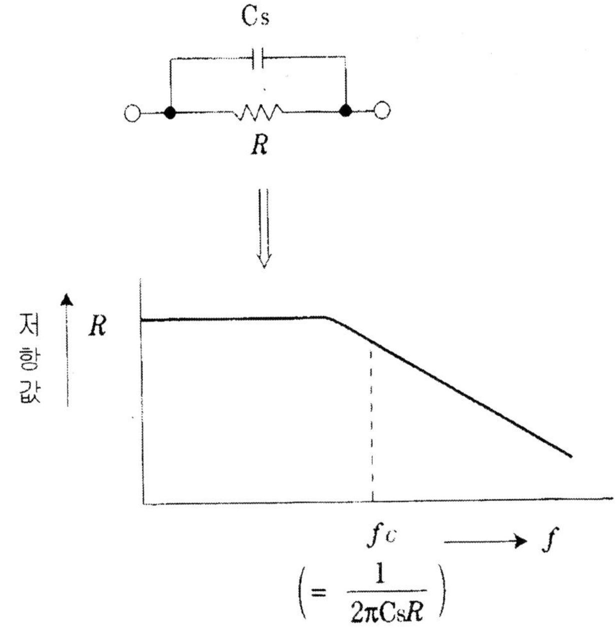

(a)

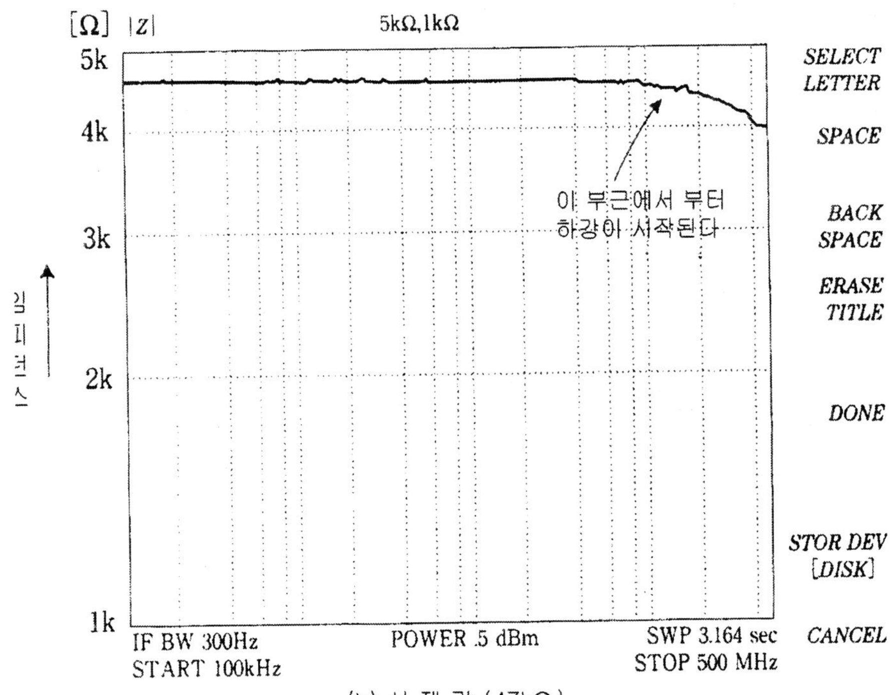

(b) 실 제 값 (47kΩ)

≪그림 3-13≫ 저항의 주파수특성

3.6 인덕터의 고주파 특성

(1) 스트레이커패시턴스 C_s에 의한 영향

인덕터의 주파수특성은 주파수의 증가와 함께 임피던스가 증가하기 때문에 그림 3-14와 같이 나타낼 수 있다.

10nH의 인덕터가 10MHz에서 임피던스는 $Z = j2\pi fL$로부터

$$Z = j2\pi \times 10 \times 10^{6} \times 10 \times 10^{-9} \fallingdotseq j0.63\,[\Omega]$$

이 된다.

그러나 주파수가 증가하면 인덕터의 구조와 형태에 의해 스트레이 커패시티 C_s가 발생되어 그림 3-15에 인덕터 L에 병렬로 C_s가 부가된 회로가 된다. 또 인덕터 L이 10nH일 때 1GHz 신호에 대한 임피던스 Z_L을 구하면

$$Z_L = j2\pi fL = j2\pi \times 1 \times 10^{9} \times 10 \times 10^{-9} \fallingdotseq j62.8\,[\Omega]$$

이 된다.

한편, 칩인덕터에서 스트레이 커패시티 C_s가 1pF이라면 1GHz에 대한 임피던스 $Z_s = \dfrac{1}{j2\pi f C_s} \fallingdotseq \dfrac{160}{j}\,[\Omega]$이 되므로 합성된 임피던스 Z는 $j62.8\,[\Omega]$과 $\dfrac{160}{j}\,[\Omega]$이 병렬로 접속되어 $j103.3\,[\Omega]$(크기 103.3Ω)이 된다. 다시 말해 주파수가 높아질수록 스트레이 커패시티 C_s에 의한 영향을 크게 받게 된다.

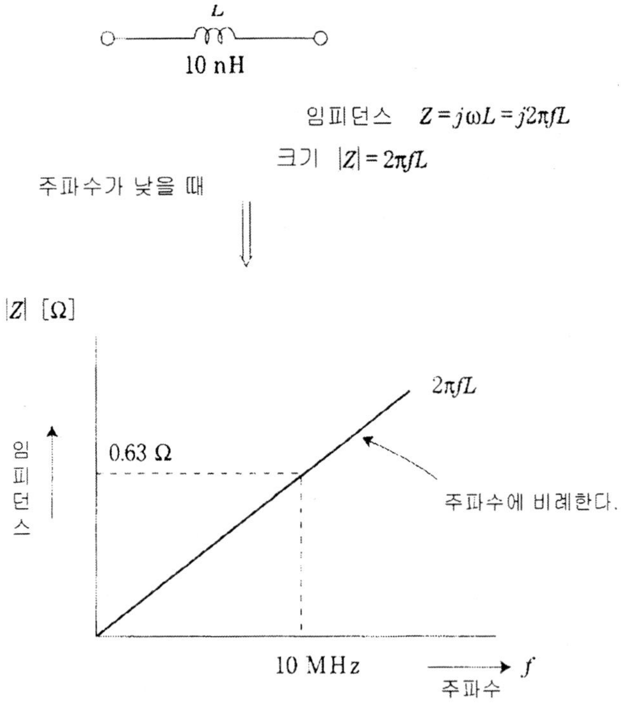

≪그림 3-14≫ 인덕터의 주파수 특성(주파수가 낮을 때)

(2) 스트레이 저항 R_s에 의한 영향

스트레이 저항 R_s는 인덕터의 리드선(lead) 부분과 인덕터 자체의 길이와 굵기, 재질에 따른 저항성분이 있는데 이들 값은 매우 작다($R_s < 0.1\Omega$). 따라서 주파수가 높아지면 스트레이 저항성분은 인덕터 L의 임피던스에 비해 무시할 수 있을 정도로 작은 값이 되어 그림 3-15에서 보이는 회로와 같이 인덕터 L과 스트레이 커패시티 C_s의 병렬회로가 된다. 이 회로의 주파수특성을 계산하면 다음과 같다.

$$Z = j\omega L \parallel \frac{1}{(j\omega C_s)} = \frac{j\omega L}{1-\omega^2 LC_s}$$

$$|Z| = \frac{\omega L}{1-\omega^2 LC_s}$$

여기서, $1-\omega^2 LC_s = 0$ $\left(\omega = \dfrac{1}{\sqrt{LC_s}},\ f_r = \dfrac{1}{2\pi\sqrt{LC_s}}\right.$: 공진주파수)일 때는 Z가 무한히 큰 값을 갖게 되지만, 인덕터 L에는 아주 작지만 저항성분이 있기 때문에 Z의 크기는 무한한 크기가 아닌 유한한 값을 갖는다.

500MHz에서 22nH 칩인덕터의 임피던스특성의 실측치를 그림 3-16(a)에 나타냈다.

예 인덕터의 주파수특성

스트레이 커패시티 C_s를 1pF로 고정하고 인덕터 L의 값이 10nH와 100nH일 때의 공진주파수 f_r을 구해본다.

$L = 10nH$일 때의 공진주파수 f_1,

$$f_1 = \frac{1}{2\pi\sqrt{LC_s}} = \frac{1}{2\pi\sqrt{10\times10^{-9}\times1\times10^{-12}}}$$
$$\fallingdotseq 1.6GHz$$

$L = 100nH$일 때의 공진주파수 f_2,

$$f_2 = \frac{1}{2\pi\sqrt{100\times10^{-9}\times1\times10^{-12}}} \fallingdotseq 503MHz$$

이것을 그래프로 나타내면 그림 3-16(b)와 같다.

인덕터의 값이 클수록 공진주파수는 낮아져 인덕터로서의 임피던스 특성이 나빠진다. ▩

≪포인트≫

- 인덕터는 스트레이 커패시턴스가 있기 때문에 임피던스가 가장 높아지는 주파수가 존재한다.
- 인덕터를 사용할 경우는 고주파 주파수특성이 좋은 것을 고른다(공진주파수를 높게 하기 위해서).

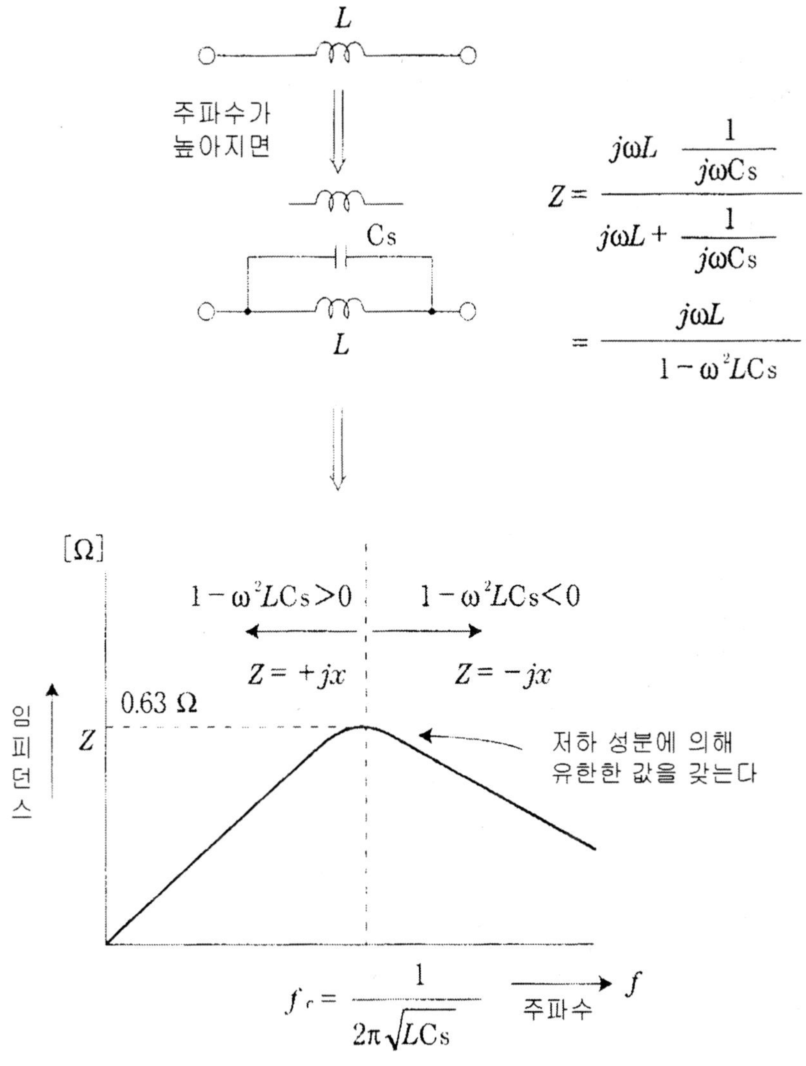

≪그림 3-15≫ 인덕터의 주파수특성(주파수가 높을 때)

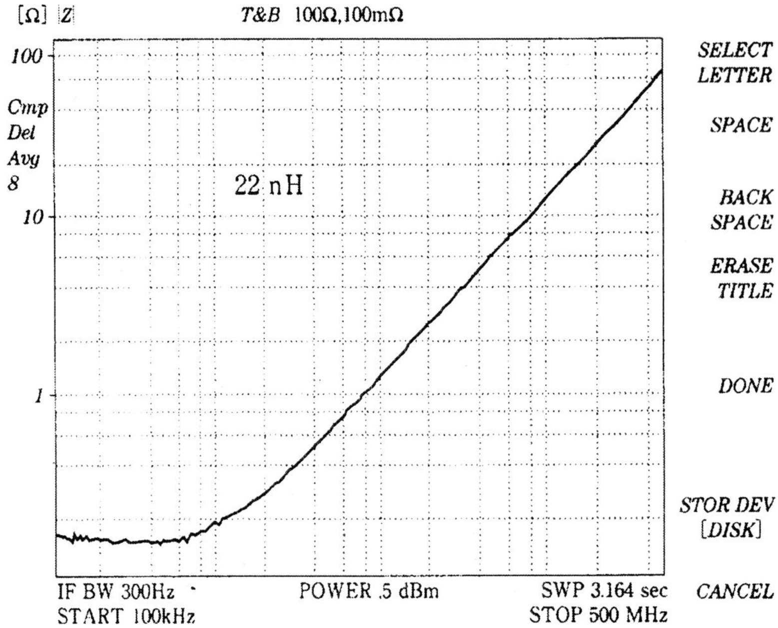

(a) 22nH의 인덕터의 실제값

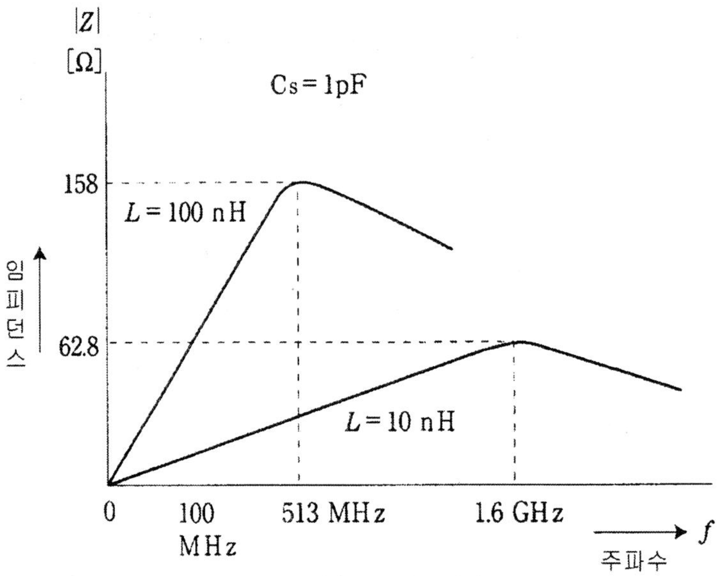

(b) 공진주파수

《그림 3-16》 인덕터의 값에 따른 임피던스 특성의 변화

3.7 콘덴서의 고주파 특성

콘덴서 C의 임피던스 특성을 그림 3-17에 나타냈다. 콘덴서의 임피던스 Z는 $Z=\dfrac{1}{j\omega C}$ 이고 주파수가 낮을 때 임피던스는 커지고 주파수가 높아지면 임피던스가 줄어드는 특징이 있다. 콘덴서는 형태와 길이에 따른 스트레이 인덕턴스 L_s와 콘덴서 자체가 지닌 저항성분 r(등가 직렬저항)이 존재한다.

따라서 주파수가 높아지면 스트레이 인덕턴스 L_s와 등가직렬저항 r을 고려해 표현하면 그림 3-18(a)와 같은 회로가 된다. 이때 콘덴서의 임피던스 Z는 다음과 같이 된다.

$$
\begin{aligned}
Z &= \frac{1}{j\omega C} + r + j\omega L_s \\
&= r + j\left(\omega L_s - \frac{1}{\omega C}\right)
\end{aligned}
$$

임피던스의 크기 $|Z| = \sqrt{r^2 + \left(\omega L_s - \dfrac{1}{\omega C}\right)^2}$

이 식에서 $\omega L_s - \dfrac{1}{\omega C} = 0$, 즉 $\omega = \dfrac{1}{\sqrt{L_s C}}$ 일 때 $|Z| = r$이 된다.

콘덴서의 임피던스 특성을 나타내면 그림 3-18(b)와 같이 된다.
가장 임피던스가 낮아지는 주파수(콘덴서 C와 인덕터 L_s에 의한 직렬공진주파수 f)는 $\dfrac{1}{2\pi\sqrt{L_s C}}$ 이 된다.

$100pF$와 $0.01\mu F$의 적층 세라믹 칩콘덴서의 임피던스 특성에 대한 실측치를 그림 3-19에 나타냈다. 콘덴서의 값이 클수록 직렬공진주파수는 낮아진다.

예 콘덴서의 임피던스 특성

스트레이 인덕턴스 L_s를 $1nH$로 고정하고 콘덴서 C의 값이 $10pF$와 $100pF$일 때의 공진주파수를 구한다.

$C = 10pF$ 일 때 공진주파수 f_1은, $f_1 = 1/2 \cdot \pi\sqrt{1 \cdot 10^{-9} \cdot 10 \cdot 10^{-12}}$

$$\fallingdotseq 1.6\,GHz$$

$C = 100pF$ 일 때 공진주파수 f_2은, $f_2 = 1/2 \cdot \pi\sqrt{1 \cdot 10^{-9} \cdot 100 \cdot 10^{-12}}$

$$\fallingdotseq 503\,MHz$$

■

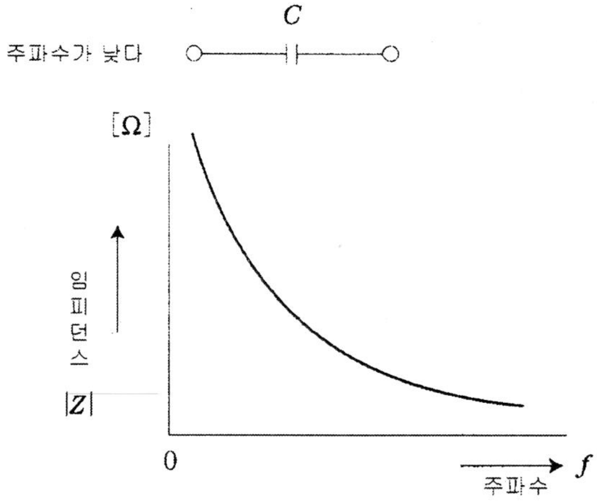

《그림 3-17》 콘덴서의 임피던스 특성(주파수가 낮을 때)

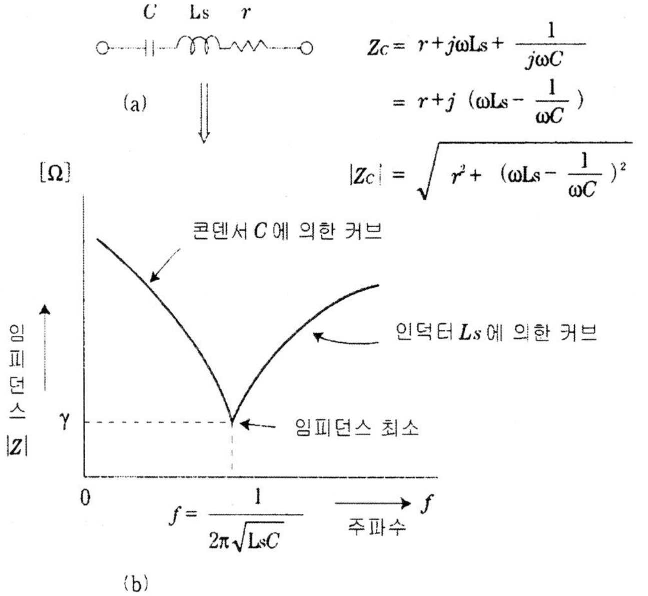

《그림 3-18》 콘덴서의 임피던스 특성(주파수가 높을 때)

≪포인트≫

- 콘덴서에는 스트레이 인덕턴스가 있기 때문에 임피던스가 최소인 주파수가 존재한다.
- 콘덴서의 임피던스가 최소인 지점은 콘덴서 자체의 등가직렬저항 r에 의해 정해진다.
- 콘덴서를 사용하는 경우 주파수특성(공진주파수가 높게)이 양호하고, 등가직렬 저항이 가장 작은 것을 고른다.

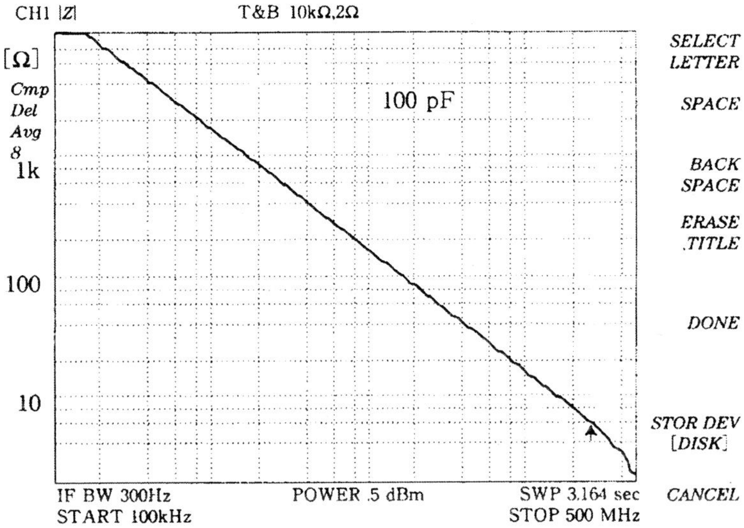

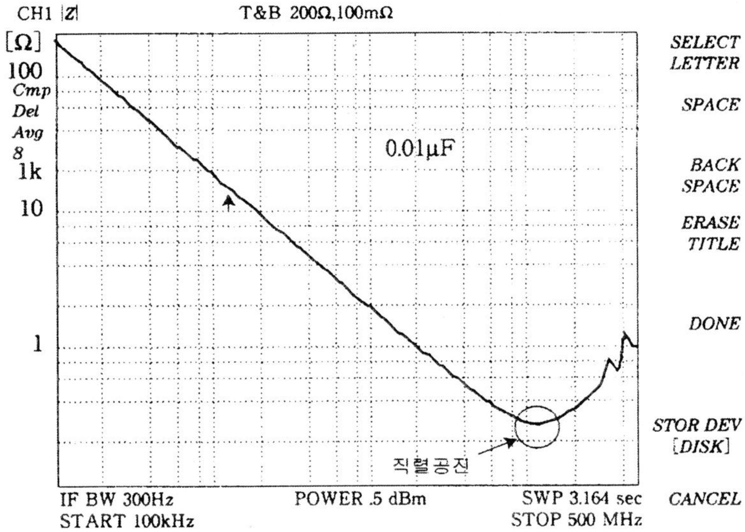

≪그림 3-19≫ 콘덴서의 임피던스 특성(실측값)

3.8 콘덴서를 병렬로 접속하면 임피던스가 낮아지고 특성이 향상되는 이유

콘덴서 C를 병렬로 접속하는 것은 그림 3-20에 보는 것처럼 콘덴서 C, 콘덴서 자체가 지닌 등가직렬저항 r, 길이에 의해 발생하는 스트레이 인덕턴스 L_s가 직렬로 접속된 것 2개가 나란히 병렬로 접속된 것으로 간주할 수 있다. 각각의 임피던스는 다음과 같다.

$$Z = r + j\omega L_s + \frac{1}{j\omega C}$$

이들을 병렬로 접속했을 때의 임피던스 Z'은

$$Z' = \frac{Z \cdot Z}{Z + Z} = \frac{Z}{2}$$

$$Z' = \frac{r}{2} + j\omega\left(\frac{L_s}{2}\right) + \frac{1}{j\omega(2C)}$$

그림 3-21은 콘덴서가 1개일 때의 주파수특성(그림 3-21(a))과 콘덴서 2개를 병렬로 접속했을 때 주파수특성(그림 3-21(b))의 차이를 보여주고 있다. 그림 3-21에서 알 수 있듯이 임피던스가 최소인 주파수 $f\left(=\frac{1}{2\pi\sqrt{L_s C}}\right)$는 변하지 않지만 콘덴서의 용량은 2배가 되기 때문에 콘덴서가 1개일 때에 비해 주파수 f 까지 기울기가 급격해진다(a부분). 임피던스가 최소인 지점에서도 저항이 병렬로 접속돼 있기 때문에 r에서 $r/2$로 감소하고 있다. 또한 인덕터도 병렬로 접속돼서 반으로 줄어들기 때문에 주파수 f 이후의 범위에서는 경사가 완만해진다(b부분). 이것은 임피던스가 최소인 주파수 근처에서는 콘덴서가 1개일 때에 비해 임피던스가 줄어드는 영역이 늘어나는 것을 보여준다. 여기서는 동일한 형태와 같은 값을 갖는 콘덴서를 직렬로 접속했으나 다른 값을 가진 콘덴서를 병렬로 접속했을 경우(예를 들어 $0.1\mu F + 1000pF$)에는 그림 3-22에서 보는 것처럼 $0.1\mu F$의 콘덴서 특성과 $1000pF$ 의 콘덴서의 주파수 특성이 가산되어 임피던스가 줄어드는 주파수 영역이 확대된다.

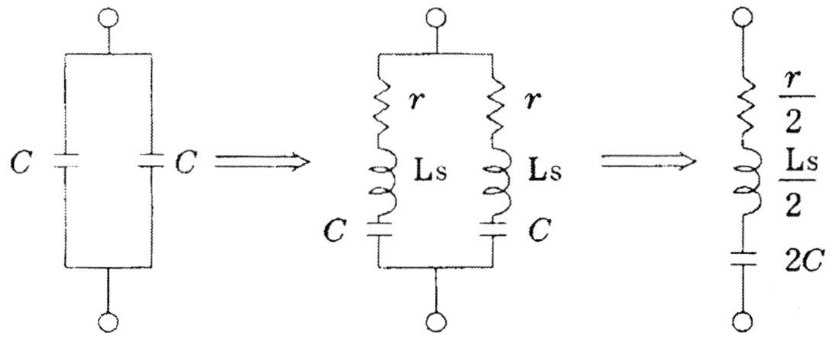

≪그림 3-20≫ 콘덴서를 병렬로 접속했을 때의 회로

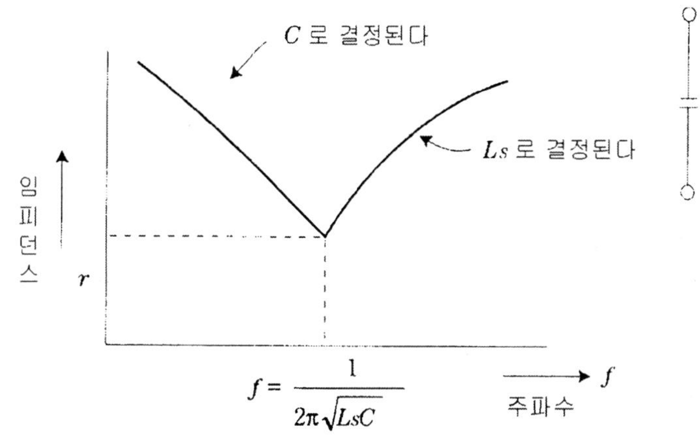

(a) 콘덴서 1개일 때

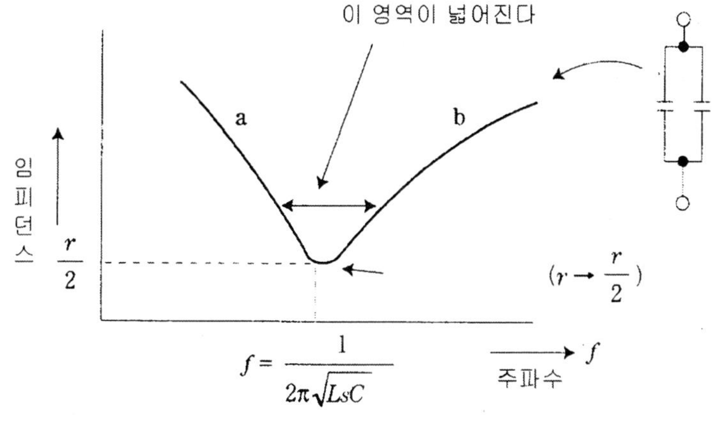

(b) 같은 값의 콘덴서를 병렬로 접속

≪그림 3-21≫ 콘덴서를 병렬로 접속했을 때 임피던스 특성

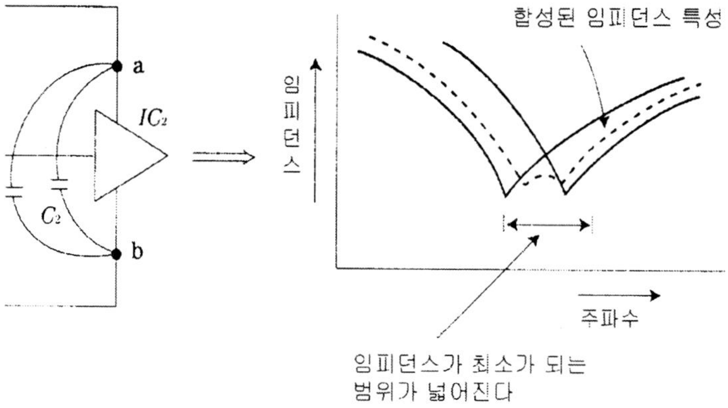

《그림 3-22》 다른 값의 콘덴서를 병렬로 접속했을 때의 임피던스 특성

3.9 인쇄된 전송선로의 저항과 인덕턴스

(1) 직류저항의 크기

인쇄된 전송선로는 저항성분 R, 인덕턴스 성분 L과 용량 C의 3가지로 그 특성을 나타낼 수 있다. 저항성분 R (직류저항)은 인쇄된 전송선로의 굵기, 길이, 사용되는 재질(일반적으로 동박(銅箔))에 의해 결정된다. 이 저항치 $R\,[\Omega]$은 길이에는 비례하고 면적에는 반비례하기 때문에 저항값은 길이가 길수록 크게 되고 면적이 클수록 작아진다. 비례상수를 저항률 ρ라 하고, $R=\rho\dfrac{L}{S}$로 표현한다. 여기서 ρ는 사용하는 재질의 저항률이다(동박의 경우 20° 에서 $1.7\mu\Omega\cdot cm$:$1.72\times10^{-8}[\Omega\cdot m]$=$1.72\times10^{-3}[m\Omega\cdot cm]$ 이다). 또한 L은 인쇄된 전송선로의 길이$[cm]$이고 S는 인쇄된 전송선로의 단면적$[cm^2]$이다.

예 저항값의 계산

인쇄된 전송선로의 길이 $L=10cm$ 선로 폭 $W=0.2cm$, 동박의 두께 $t=18\mu m$ $(18\times10^{-4}[cm])$일 때 인쇄된 전송선로의 직류 저항값을 계산하면 다음과 같다.

$$R = 1.72 \times 10^{-3} + \frac{10}{0.2 \times 0.0018}$$
$$= 47m\Omega\,(0.047\Omega)$$

인쇄된 전송선로로 동박을 이용한 경우 단위길이 당 직류저항 R을 계산하면 그림 3-23과 같다. 선로 폭이 가늘어져 $0.1mm\,(100\mu m)$ 정도가 되면 인쇄된 전송선로의 단위길이 당 직류저항은 $100\,[m\Omega/cm]$이고 패턴의 길이를 $10cm$로 연장해도 직류저항의 값은 1Ω 정도이다. ▩

(2) 인덕턴스의 크기(마이크로스트립 라인의 인덕턴스)

인쇄된 전송선로의 단위길이 당 인덕턴스 L_0, 인쇄된 전송선로의 폭을 $\omega\ [mm]$, PCB 두께를 $h\,[mm]$라 하면, 단위길이 당 인덕턴스 $L_0\,[nH/cm]$는 근사적으로 다음 식으로 나타낼 수 있다.

$$L_0 = 1.97 \times ln\,(\frac{2\pi h}{w})[nH/cm]$$

위 식으로부터 기판의 두께 h를 $1.5mm, 1.0mm, 0.5mm$로 변화시켰을 때 가로축을 패턴 폭 $\omega\,[mm]$, 세로축을 단위길이 당 인덕턴스 $L_0\,[nH/cm]$로 하고 그래프를 그리면 그림 3-24와 같다.

예 인쇄된 전송선로의 인덕턴스 계산

도체 폭 $\omega = 0.2mm$, 도체 GND면에서 패턴까지의 거리 $h = 0.6mm$라 하고 인덕턴스의 근사식에 의해 계산하면 $L_0 = 5.78nH/cm$이 된다. $10cm$ 길이의 패턴에서는 $57.8nH$가 된다. 이 패턴의 $100MHz$에 대한 임피던스 Z는

$$Z = 2\pi \cdot 100 \times 10^6 \times 57.8 \times 10^{-9} = 36.3\Omega$$

이 된다.
이 값은 직류 저항치 1Ω에 비해서 매우 크다는 것을 알 수 있다. ▩

≪포인트≫

- 인쇄된 전송선로의 저항치는 패턴 폭이 $0.1mm$ 정도가 되면 $10cm$ 길이의 패턴에서는 저항이 약 1Ω이 되서 전류가 많이 흐르면 전압강하가 커진다.
- 인쇄된 전송선로의 인덕턴스는 선폭이 가늘어질수록 큰 값이 되고, 전류의 변화가 빠를수록 $L\frac{di}{dt}$에 의해 전압강하가 커지므로 전송하는 신호의 파형에 커다란 영향을 미친다.

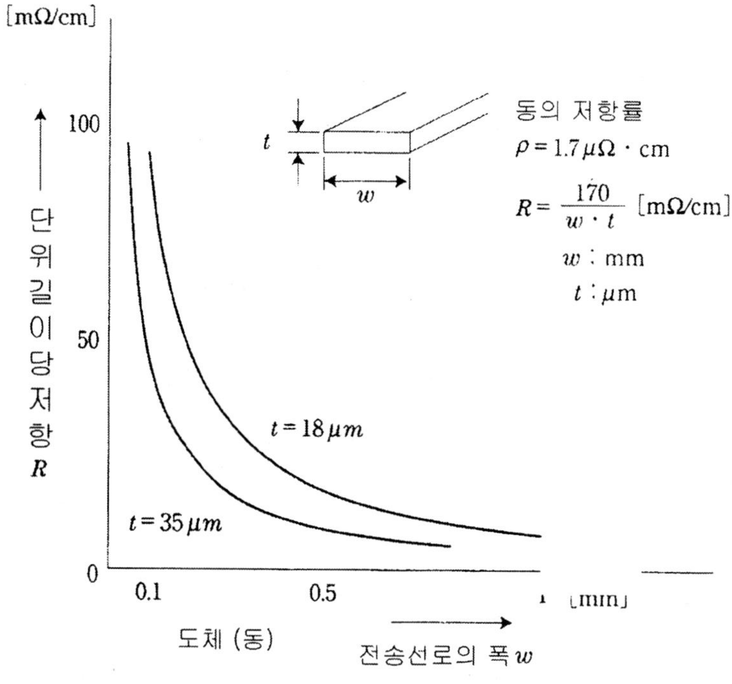

≪그림 3-23≫ 전송선로의 단위 길이당의 직류저항 R의 계산값

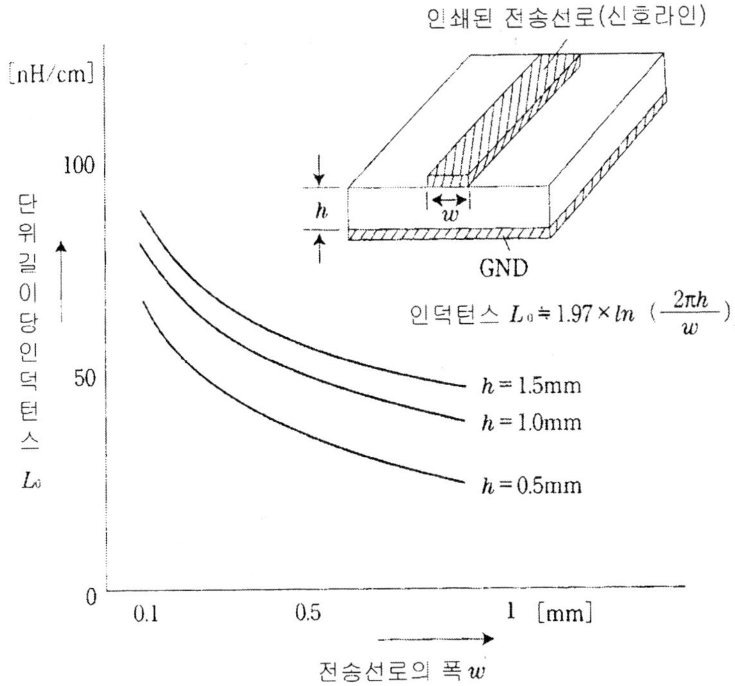

《그림 3-24》 단위 길이당 인덕턴스 L의 계산값

3.10 인쇄된 전송선로의 용량 C와 전송 주파수와의 관계

(1) 인쇄된 전송선로의 정전용량

그림 3-25는 평행평판 콘덴서를 나타내고 있다. 콘덴서의 용량 $C[F]$는 평판의 단면적 $S[m^2]$, 전극간의 거리 $d[m]$, 전극 간에 삽입된 유전체의 유전율 $\epsilon[F/m]$이라 하면 콘덴서의 용량 C(전하를 축적할 수 있는 양)는 평판 단면적이 클수록, 평판간 거리 d가 짧을수록, 삽입된 유전체의 유전율 ϵ이 클수록 많은 전하를 축적할 수 있다. 따라서 콘덴서 C의 정전용량은 다음 식으로 나타낼 수 있다.

$$C = \epsilon \cdot \frac{S}{d} = \epsilon_r \cdot \epsilon_0 \cdot \frac{S}{d}$$

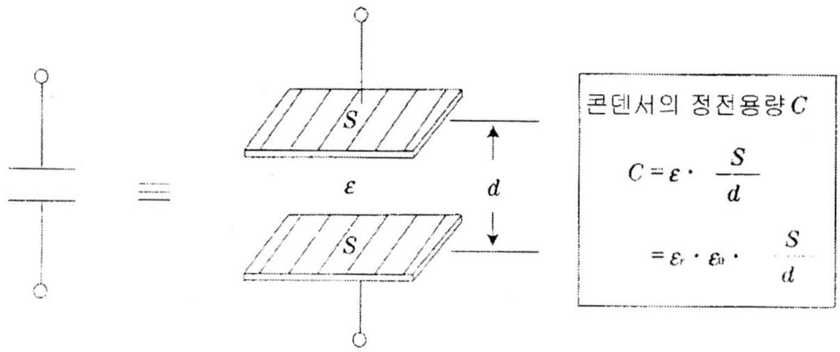

≪그림 3-25≫ 콘덴서의 정전용량

그림 3-26에 보이는 마이크로스트립라인 구조를 가진 인쇄된 전송선로는 인쇄된 전송선로와 GND패턴 사이에 유전체가 끼워진 비대칭이지만 콘덴서를 형성하고 있다. 그림 3-26을 그림 3-25와 비교해보면 전기력선의 발생 상황이 다르기 때문에 위에서 구한 식으로는 나타낼 수 없으나 이를 간단히 표현하기 위해서 위와 같은 방식으로 인쇄된 전송선로의 정전용량 C를 구하면 다음과 같다.

$$C = \epsilon \cdot \frac{l \cdot w}{h} = \epsilon_r \cdot \epsilon_0 \cdot \frac{l \cdot w}{h}$$

ϵ_0 : 진공중의 유전율 $8.854 \times 10^{-12}\,[F/m] = 8.85\,[pF/m]$

ϵ_r : PCB 재질의 비유전율

l : 인쇄된 전송선로의 길이

S : 인쇄된 전송선로의 면적

w : 인쇄된 전송선로의 선폭

h : PCB 재질의 두께

예 인쇄된 전송선로의 정전용량 계산

PCB의 두께 h가 1.6mm, ϵ_r이 4.5(재질이 유리 에폭시), 인쇄된 전송선로의 폭이 $0.2cm$이고 길이가 $10cm$일 때 인쇄된 전송선로의 용량 C를 구해보면 다음과 같이 된다.

$$C = \epsilon_r \cdot \epsilon_0 \cdot \frac{l \cdot w}{h} = 4.5 \times 8.85 \times 10^{-12} \times \frac{10 \cdot 0.2}{0.16} \times 10^{-2} \fallingdotseq 5pF$$

다시 말해 $5pF$이 $10cm$ 패턴길이에 균일하게 분포하게 된다.
패턴의 길이가 $10cm$이기 때문에 $1cm$당의 용량은 $0.5pF$가 된다. 이 $10cm$의 패턴에 표준 입력용량 $5pF$의 IC가 접속되면 패턴과 IC 전체에서는 $10pF$의 용량이 발생하게 된다.■

(2) 인쇄된 전송선로의 전송특성은 무엇에 의해 결정되는 것인가

인쇄된 전송선로는 이미 기술했듯이 인쇄된 전송선로의 형태에 의해 결정되는 직류저항 R이 있다. 이 저항 R이 커지면 패턴의 용량이나 패턴에 접속되는 IC 등의 입력용량에 의해 저항 R과 콘덴서 C의 적분회로가 형성된다. 역기서 직류저항은 상당히 작은 값을 갖고 있는데 인쇄된 전송선로의 용량 C는 그림 3-26에서 보는 것처럼 유전율(비유전율 ϵ_r)에 의해 결정된다. 따라서 고속신호를 수용할 수 있을 정도의 유전율 ϵ이 작은 PCB 재료를 사용해야하기 때문에 사용하는 PCB 재질의 비유전율 ϵ_r의 주파수 특성이 중요하다. PCB 재료의 비유전율은 주파수 1MHz에서 측정한 값(예를 들어 FR4에서는 4.5~4.9)을 기재하고 있다. 최근에는 PCB의 성능으로 사용되는 주파수가 높아지고 있기 때문에 1GHz에서 측정한 비유전율의 값까지도 기재되고 있다.

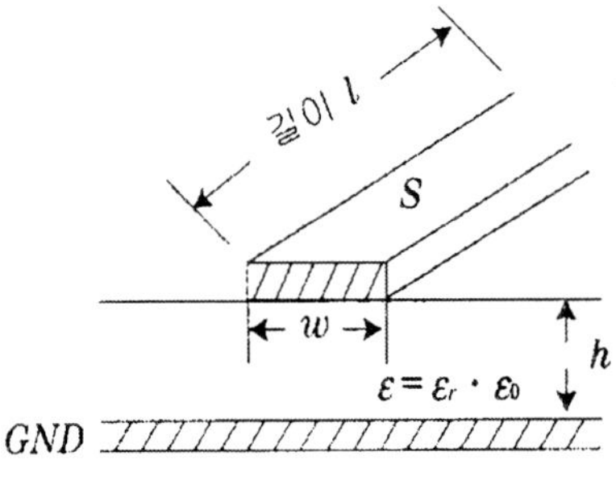

인쇄된 전송선로의 정전용량 C

$$C = \varepsilon \cdot \frac{l \cdot w}{h}$$

$$= \varepsilon_r \cdot \varepsilon_0 \frac{l \cdot w}{h}$$

$\varepsilon_0 = 8.85 \times 10^{-12}$ [F/m]

$= 8.85$ [pF/m]

《그림 3-26》 인쇄된 전송선로의 정전용량

3.11 전자부품의 성능과 실장상의 주의

(1) 전자부품은 작게 할수록 고주파에 대해 유리하다

고주파영역에서는 소자를 소형화하는 것이 유리하다. 그 이유는 앞서 말했듯이 전자부품의 길이에 기인하는 스트레이 인덕턴스, 크기나 형태에 기인하는 스트레이 커패시턴스, 길이나 크기에 기인하는 스트레이 저항성분이 작아지기 때문이다. 전송하는 신호의 파장에 대해 부품의 크기나 인쇄된 전송선로의 길이가 무시할 수 있을 정도의 길이가 되어 집중정수회로로서 다룰 수 있다.

(2) 전자부품의 성능을 최대한으로 발휘하기 위한 실장

고주파에 환경에서 전자부품의 성능을 향상시키는 예를 그림 3-27에 나타내었다.

① 인쇄된 전송선로의 인덕턴스의 최소화와 집중정수회로화

패턴의 길이가 길어질수록 인덕턴스는 증가한다. 더욱이 인쇄된 전송선로는 신호를 전송하는 회로가 되기 때문에 인쇄된 전송선로의 길이를 짧게 해서 전송하는 신호의 파장에 대해 무시할 수 있을 정도의 길이로 만들어 집중 정수회로화 시키는 것이 유리하다(분포정수회로가 되는 것은 피한다).

② 배선의 극대화

인덕턴스 성분은 길이와 폭에 의해 변화하기 때문에 불필요한 인덕턴스 성분을 늘리지 않으려고 가능한 한 인쇄된 전송선로를 극대화해서 굵고 짧게 할 필요가 있다. 예를 들면 고주파증폭을 하는 전자회로에 있어서 고려할 필요가 있다.

③ 스트레이 커패시턴스의 감소

스트레이 커패시티는 부품의 형태(크기)에 따라 다를 뿐 아니라 PCB 상에 장착된 부품의 상태에 의해서도 다르기 때문에 전자부품의 배치, 인쇄된 전송선로의 배치 등

스트레이 캐퍼시티를 적극적으로 적게 하도록 고려할 필요가 있다(그림 3-27(b)).

④ 특성임피던스의 고려

고주파가 되면 신호의 파장이 짧아진다. 신호의 파장이 전송하는 회로(인쇄된 전송선로등)의 길이에 비해 무시할 수 없는 분포정수회로의 경우는 신호반사에 의한 영향을 고려해, 문제가 있을 때에는 부하임피던스를 전송회로의 임피던스에 매칭시키는 일이 필요하다. (그림 3-27(c))

⑤ 크로스토크(cross talk)의 감소

고주파가 되면 전자부품과 전송선로에서 전계나 자계가 새어나오기 쉽기 때문에 고밀도로 장착된 주변의 패턴이나 전자부품에서 신호가 새나가는 크로스토크가 발생된다. 크로스토크를 감소시키는 방법에는 몇 가지가 있는데 그림 3-28(a)처럼 전송패턴 사이에 GND패턴을 삽입하거나, 그림 3-28(b)처럼 신호를 차동으로 보내는 방식이 효과적이다. (차동전송방식에 대해서는 제5장을 참조)

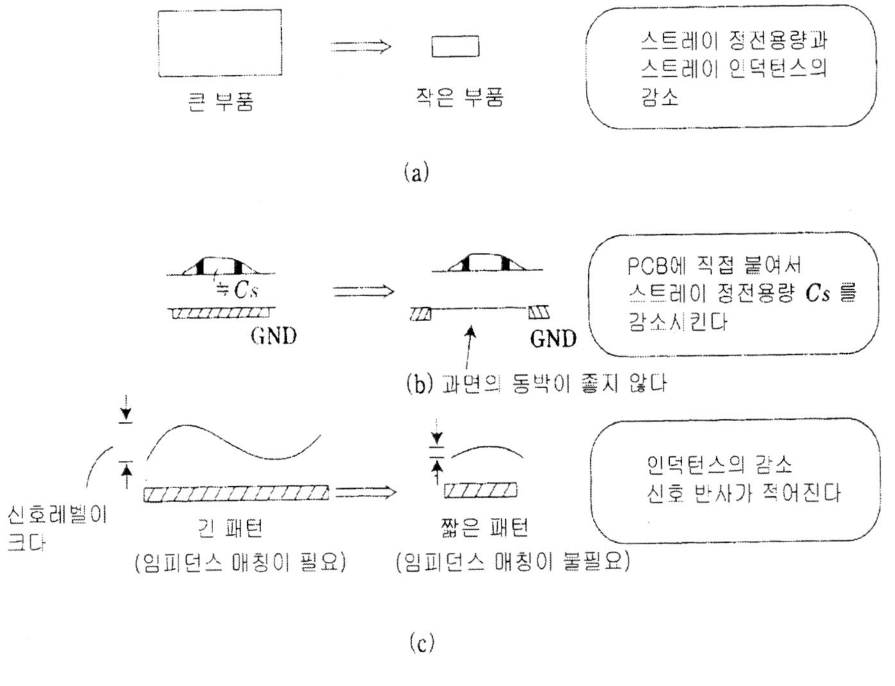

≪그림 3-27≫ PCB에 장착 환경에 따른 전자부품의 성능 변화

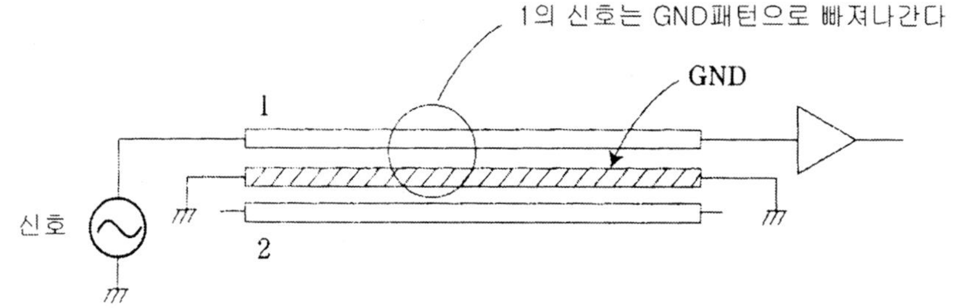

(a) 패턴 1과 패턴 2사이에 GND패턴을 삽입한다

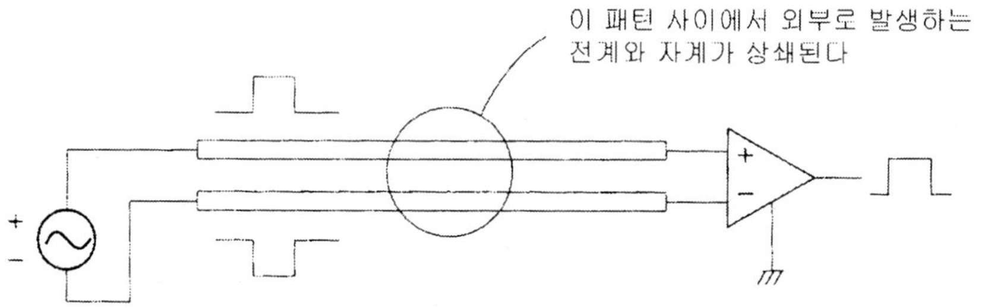

(b) 차동 전송방식

《그림 3-28》 크로스토크를 감소시키는 신호 전송방법

3.12 오실로스코프에서는 고주파신호를 측정할 수 없다

신호파형과 신호레벨을 관측하기위해서 일반적으로 오실로스코프가 사용된다. 오실로스코프는 그림 3-29(a)에 보는 것처럼 프루브(probe)를 사용해서 신호파형을 측정한다. 이 프루브를 통해 측정된 신호가 오실로스코프의 입력단자에 입력되어 CRT나 액정 화면상에 표시된다. 그림 3-29(a)는 오실로스코프에 연결된 프루브를 나타내는데 B 부분은 측정하고자 하는 신호의 GND에 접속하는 부분이다. 여기서 GND에 연결되는 케이블의 길이가 길어지면 인덕턴스 성분을 띠게 되기 때문에 주파수가 높아질 경우 케이블에 신호 전류가 흘러 불필요한 전압 V_L이 발생한다. 그러므로 본래 측정해야 되는 신호에 대해 불필요한 전압성분 V_L을 포함하기 때문에 오차가 발생한다. 이러한

오차를 최소로 하기 위해서는 그림 3-29(b)처럼 푸르브 B부분을 벗겨서 인덕턴스를 최소로 하기 위한 동축케이블 구조로 만든다.

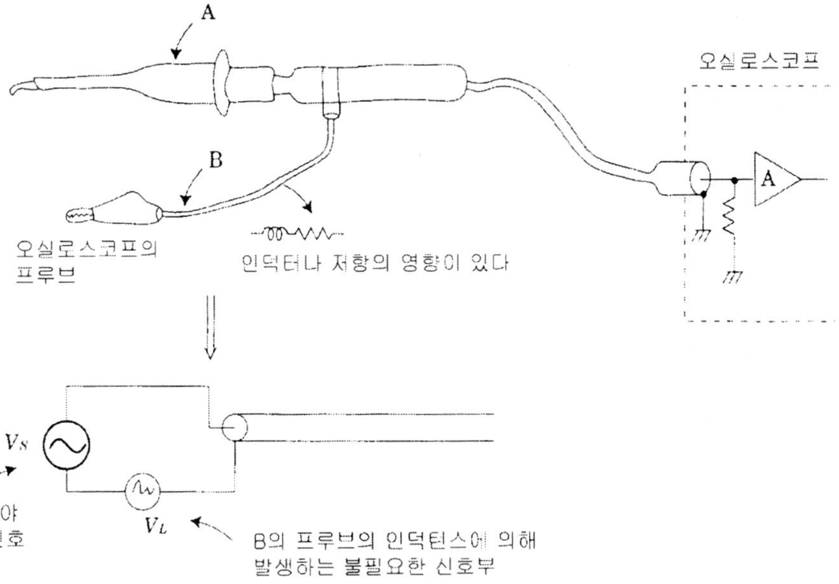

(a) 오실로스코프의 프루브

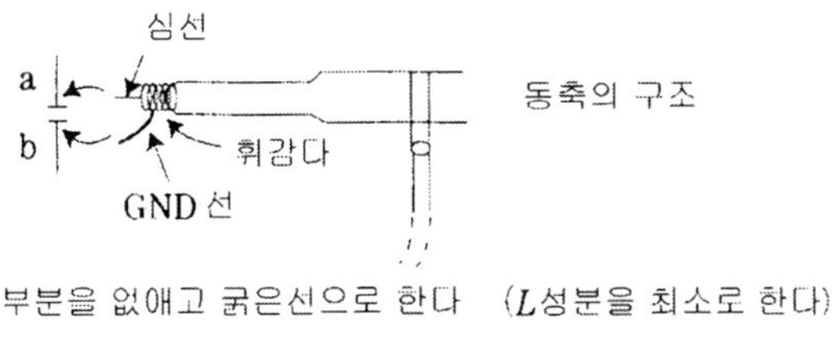

(b) GND 프루브의 영향을 최대한 적게 되도록 한다

≪그림 3-29≫ 높은 주파수를 오실로스코프로 측정하는 방법

이렇게 동축구조의 GND에 상당하는 외측 부분에 비교적 굵은 선을 짧게 휘감아 측정회로의 GND에 접속하면 인덕턴스의 영향을 최대한 작게 할 수 있다. 그림 3-30(a)는 펄스 파형의 상승과 하강 시 프루브 B의 인덕턴스에 의한 영향을 보여주고 있다. 프루브 B에 의한 인덕턴스의 영향을 제거한 그림 3-29(b) 방법으로 측정하면 인덕턴스의 영향이 최대한 줄어든 그림 3-30(b)와 같은 파형의 왜곡이 적은 신호파형을 얻을 수 있다.

(1) 오실로스코프로 고주파 신호를 정확하게 측정할 수 없다.

그림 3-31에 보이는 회로 1의 a 부분의 신호를 일정한 길이의 프루브를 이용해 측정하려고 a 부분에 프루브를 접속하면 회로 1의 a 부분이 프루브의 임피던스 영향을 받는다. 회로 1이 집중정수회로라면 문제는 없으나 분포정수회로일 경우 a부분에서는 프루브 접속에 의해 임피던스가 변해버린다. 이 때문에 정확한 신호를 측정할 수 없게 된다. 또한 측정할 신호의 주파수가 낮은 경우는 문제가 없으나, 측정하고자 하는 신호의 주파수가 높아지면 측정된 신호의 파장이 짧아지고 프루브가 분포정수회로가 되어 오실로스코프의 입력부분에서 신호의 반사가 발생한다. 따라서 고주파에서는 정확한 신호를 측정할 수 없게 된다.

이렇게 측정 프루브의 길이는 측정하고자하는 신호의 파장이 짧아지면 임피던스 매칭을 취하지 않을 경우 정확한 신호를 측정할 수 없다.

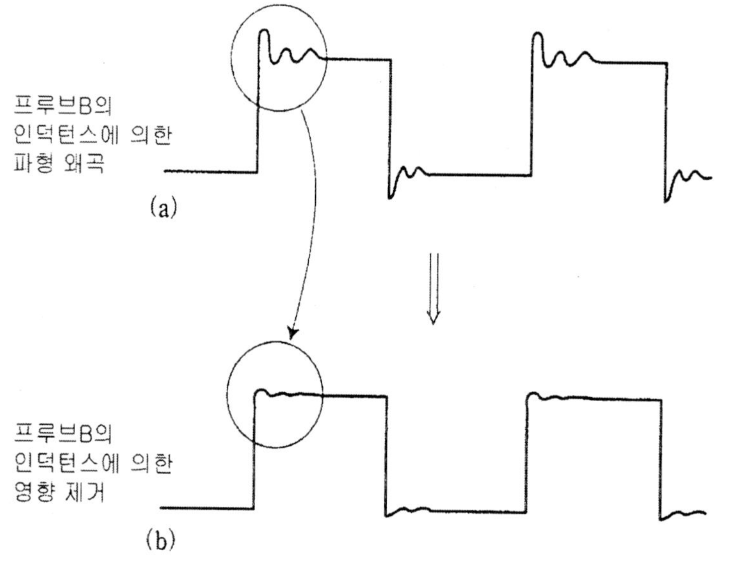

≪그림 3-30≫ 프루브 B의 인덕턴스에 의한 영향을 없앴을 때의 파형

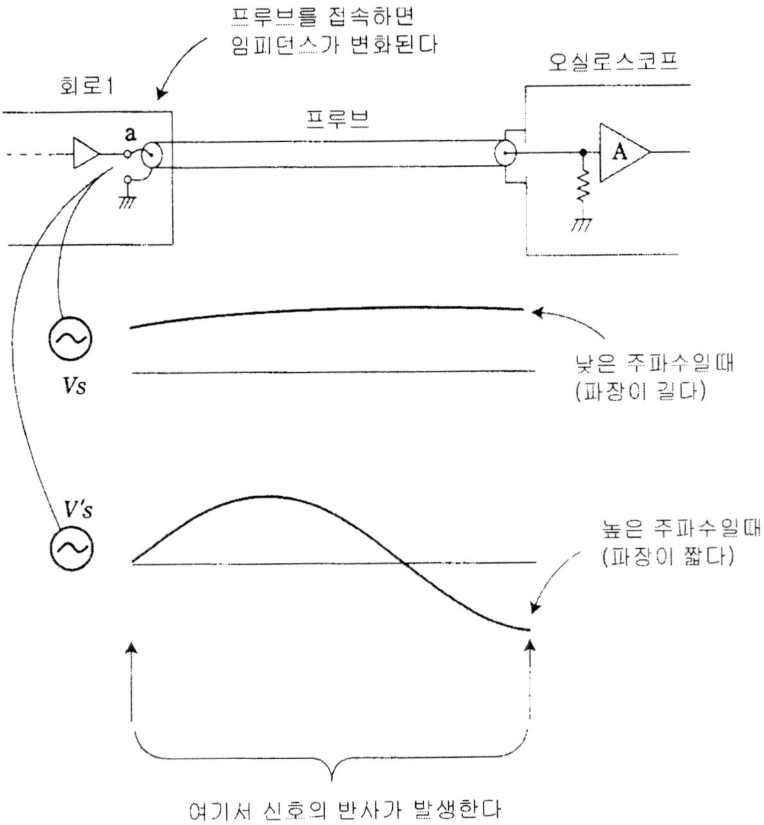

≪그림 3-31≫ 오실로스코프의 프로브 길이와 측정할 신호의 파장

4

집중정수회로와 분포정수회로

집중정수회로와 분포정수회로에 대해서 그 차이점을 명확히 규명한다. 또 분포정수회로의 특성과 이에 따르는 회로 상에서 특이한 현상들을 알아본다. 주파수가 높아졌기 때문에 나타나는 현상들을 고려하여 회로를 결정하는 과정을 이해한다.

4.1 집중정수회로란 무엇인가

(1) 집중정수회로와 신호의 파장

집중정수회로란 교류회로에서 사용되는 회로의 전기적 특성(저항, 콘덴서, 인덕턴스, 콘덕턴스 등)이 한 점에 집중되어 존재하는 회로를 말한다. 예를 들어 그림 4-1과 같이 길이 L인 전송선로를 저항 R, 인덕터 L, 콘덴서 C, 컨덕턴스 G의 4가지 요소로 나타낼 수 있는 회로를 말한다.

집중정수회로에서는 전송하는 신호의 파장 λ에 대해 전자부품(저항, 인덕터, 트랜지스터, IC, 인쇄된 전송선로 등)의 길이가 무시할 수 있을 정도로 작기 때문에 부품과 부품의 집합이 집중정수회로라 할 수 있다. 그림 4-2에는 $10MHz$의 정현파 신호를 나타내고 있다. $10MHz$ 정현파 신호의 파장은 $30m$가 된다($v = f\lambda$).

PCB 위에서 인쇄된 전송선로의 길이가 $30cm$라 가정하면 (대형 회로기판에서는 이에 상당하는 것이 많이 있다), 이 인쇄된 전송선로의 길이는 $10MHz$의 신호의 파장 $30m$에 대해서는 1/100의 길이에 상당한다. 또 위상의 관점으로 보면 파장 λ를 360°라 했을 때 길이의 1/100에 상당하는 각도는 3.6°가 된다. $10MHz$의 정현파 신호가 인쇄된 전송선로에 인가됐을 때 a점에서 위상이 0°에 일치하고 $30cm$ 떨어진 b점에서 ($10MHz$의 신호를 정현파(sin)로 간주)의 위상이 3.6° 되는 곳에서의 크기를 계산하면 $sin3.6° = 0.063$가 된다. 그러므로 인쇄된 전송선로 a와 b에서 신호의 크기가 거의 같다고 생각할 수 있다. 이것은 기판 상을 진행하는 파의 크기가 거의 일정하다는 것을 의미한다.

이러한 상태에서 인쇄된 전송선로의 끝에 매질이 다른 회로를 연결했을 때 반사가 발생해도 파의 상태는 거의 변함이 없다. 이것이 집중정수회로로 설계 가능한 범위이다.

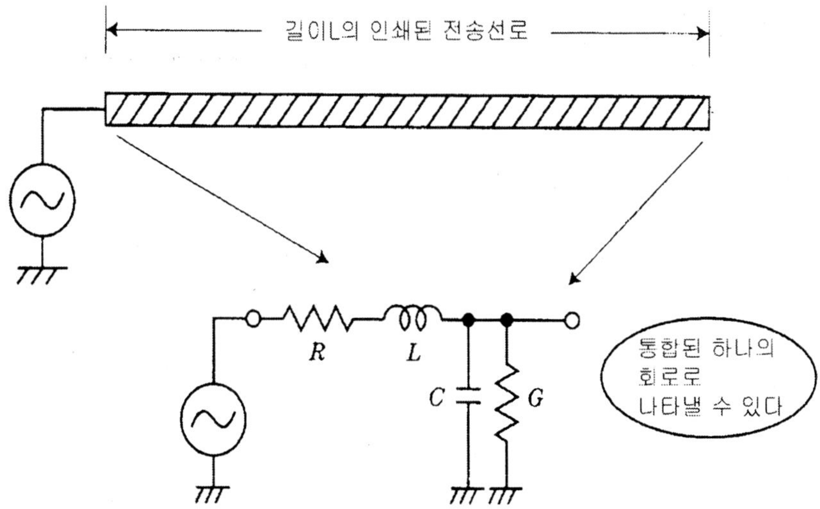

≪그림 4-1≫ 집중정수회로

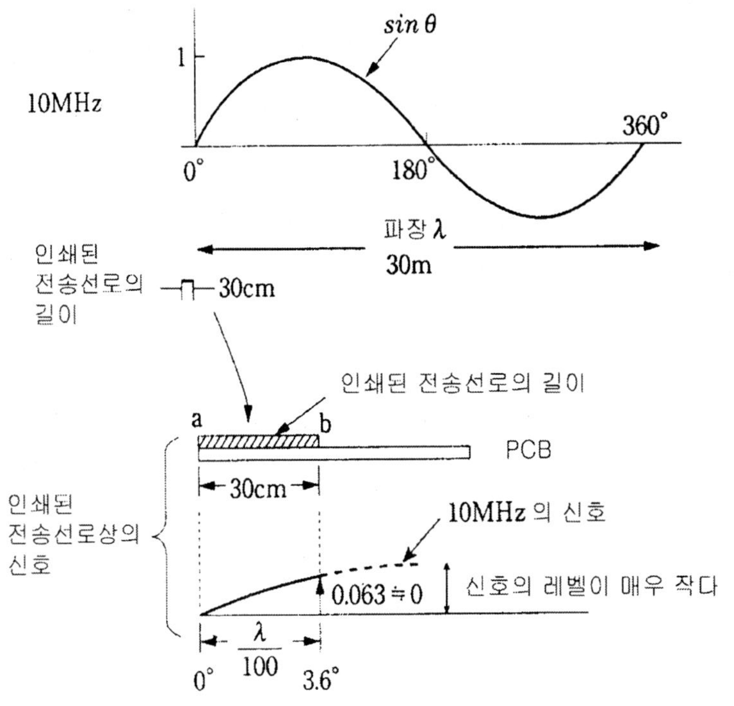

≪그림 4-2≫ 신호의 파장에 대해 전송선로 길이가 짧은 경우

(2) 집중정수회로의 특성

인쇄된 전송선로의 집중정수회로는 그림 4-1과 같이 나타낼 수 있고 특성임피던스 Z_0는 다음과 같다.

$$Z_0 = \sqrt{\frac{R + j\omega L}{G + j\omega C}}$$

R : 인쇄된 전송선로의 직류저항
L : 인쇄된 전송선로의 인덕턴스
C : 인쇄된 전송선로의 용량
G : 인쇄된 전송선로와 GND 간의 컨덕턴스

여기서 주파수가 높아지면 패턴이 지닌 인덕턴스 L에 의한 임피던스 $Z = j\omega L$(주파수가 높아질수록 커짐)이 저항성분 R에 비해 커진다($R \ll j\omega L$). 한편 인쇄된 전송선로와 GND 간의 정전용량 C는 주파수가 높아질수록 임피던스 $Z = \frac{1}{j\omega C}$의 값은 작아진다. 정전용량 C는 컨덕턴스 G의 역수 1/G에 비해 매우 작아지므로($\frac{1}{j\omega C} \ll \frac{1}{G}$) 인쇄된 전송선로가 지닌 특성임피던스 Z_0는 다음과 같다(그림 4-3).

$$Z_0 = \sqrt{\frac{R + j\omega L}{G + j\omega C}} = \sqrt{\frac{L}{C}}$$

그러므로 인쇄된 전송선로의 특성임피던스 Z_0는 L과 C에 의해 결정되고 패턴의 길이와 상관없음을 알 수 있다.

예 특성임피던스의 계산

인쇄된 전송선로의 $C = 0.8pF/cm$, $L = 8nH/cm$라면 특성임피던스 Z_0는 다음과 같다.

$$Z_0 = \sqrt{\frac{L}{C}} = \sqrt{\frac{8 \times 10^{-9}}{0.8 \times 10^{-12}}} = 100\Omega$$

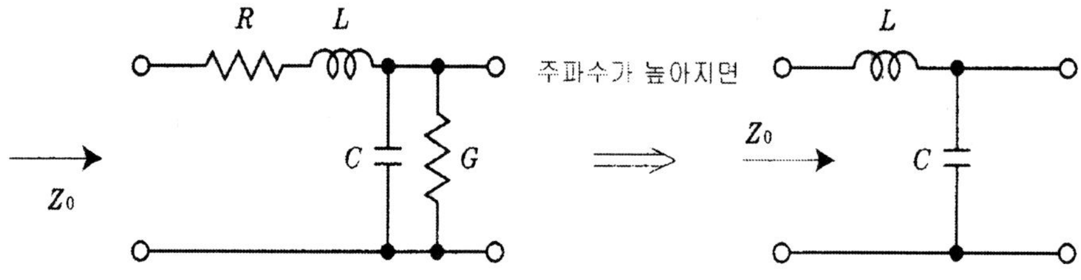

$$Z_0 = \sqrt{\frac{R + j\omega L}{G + j\omega C}} \xrightarrow{\left(R \ll j\omega L,\ \frac{1}{j\omega C} \ll \frac{1}{G} \right)} Z_0 = \sqrt{\frac{L}{C}}$$

≪그림 4-3≫ 주파수가 높아졌을 때 집중정수회로

4.2 분포정수회로란 무엇인가

분포정수회로란 그림 4-4에서 보듯이 길이 L의 인쇄된 전송선로가 하나의 통합된 회로로 나타나는 것이 아니라 집중정수회로가 여러 개 연결된 형태로 분포되어 있는 것을 말한다. 그림 4-2에서는 인쇄된 전송선로를 전송하는 신호 주파수를 10MHz로 가정했는데 여기서는 신호 주파수를 올려 1GHz로 간주하기로 한다.

그림 4-5에서처럼 10MHz의 100배인 1GHz 신호를 고려해 보자. 이 신호가 공기 중을 전파한다고 하면 파장 λ는 30cm가 된다. 1GHz 신호가 PCB 중($\epsilon_r = 4.8$)을 전송하는 경우 신호의 파장 λ가 짧아져서 15cm가 된다. PCB의 크기가 30cm, 인쇄된 전송선로의 길이를 15cm로 했을 경우를 고려하면 그림 4-5(d)에서 보듯이 1GHz 신호가 전송될 때 인쇄된 전송선로의 위치 a, b, c에서는 크기가 0이고 a와 b 위치의 중간에서 최대값을, b와 c의 중간에서 최소값을 갖는다.

사용하는 신호의 주파수가 높아져 파장이 짧아지면, PCB의 위치에 따라 신호의 크기와 위상이 크게 변화됨을 알 수 있다. 이 현상을 파동의 관점에서 생각하면 일정한 길이의 패턴위에 파가 진행하고 있는 것을 보여주는 것이다. 이러한 상태가 되면 분포정수로 회로를 간주해야만 하는 것이다. 이때 인쇄된 전송선로의 매질이 다른 회로(특성임피던스($Z_0 = \sqrt{\frac{L}{C}}$)기 서로 다른 회로)와 접속되면 파의 반사가 발생되어 에너지를 전송할 수 없게 된다.

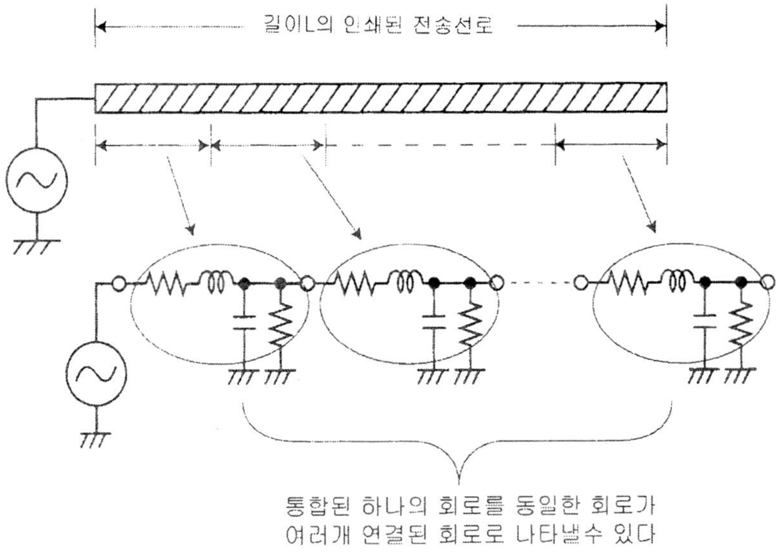

≪그림 4-4≫ 분포정수회로

반사가 일어나지 않게 하면 (같은 매질을 연결한다 : 임피던스 매칭을 한다) 전송하는 신호의 주파수가 높아져도 어떠한 문제도 일어나지 않는다. 그러므로 신호를 전송하는 회로의 길이와 신호의 파장을 고려하는 것이 매우 중요하다. 신호의 주파수가 낮아도 전송선로가 긴 경우 전송선로의 위치에 따라 신호의 크기와 위상이 바뀐다. 실제로 장거리 전화선이나 장거리 전력 송전선등을 생각해보면 동일한 현상이 발생된다.

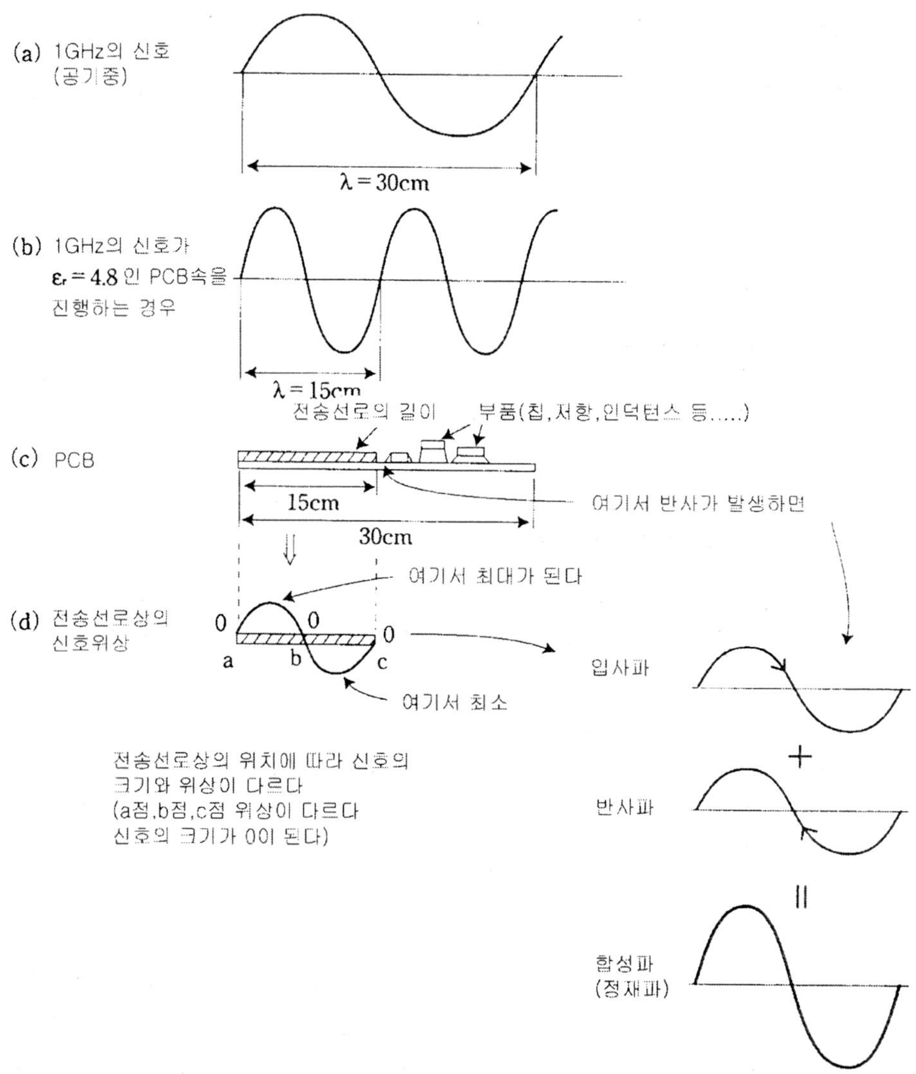

《그림 4-5》 신호의 파장과 전송선로의 길이가 비슷한 경우

(1) 분포정수회로란 집중정수회로의 집합을 의미

동일 매질의 집중정수회로를 연속해서 연결하면 문제가 발생되지 않는다. 집중정수회로와 분포정수회로를, 그림 4-6(A)에 보이는 PCB상의 패턴을 예를 들어 설명하면 그림 (2)에는 PCB상의 패턴(a-b 사이)에 대해 이 패턴 위를 전송하는 신호의 파장이 길고 패턴의 위치 a와 b에서 크기에 변화가 없는 경우는 R, L, C, G로 이루어

진 집중정수회로로 간주한다고 이미 앞에서 언급하였다. 한편 패턴(a-b 사이)을 전송하는 신호의 파장이 짧고, 패턴 a-b를 한 개의 집중정수회로로 나타낼 수 없는 경우는 패턴(a-b 사이)을 신호의 파장에 대해 신호 크기의 차이가 없도록 패턴(a-b 사이)을 많은 수로 분할해서 1개의 미소구간(예를 들어 $a-a_1$, a_1-a_2, $\cdots$, b_2-b_1, b_1-b)마다 집중정수회로로 대치하면 각각의 미소 구간을 하나의 회로집합인 집중정수회로로 표현할 수 있다. 패턴 a-b 사이의 분포정수회로는 집중정수회로가 다수 접속된 것으로 되어 단위구간에서 신호의 파장에 대한 크기 변화는 없어진다. 이와 같은 방법으로 단위회로인 집중정수회로가 많이 모여 분포정수회로를 형성한다.

앞으로 언급하겠지만 이것은 특성임피던스 Z_0를 지닌 집중정수회로가 연속해서 Z_0로 임피던스 매칭된 상태(연속된 매질)로 접속된 것으로 생각할 수 있다. 따라서 분포정수회로인 경우는 같은 매질인 집중정수회로의 특성임피던스 Z_0를 접속해가면 된다.

≪포인트≫

- 전송선로를 전송하는 신호의 파장 λ에 따라 인쇄된 전송선로는 분포정수회로나 집중정수회로가 된다. 이것은 전송하는 신호의 파장에 따라서 결정된다.
- 집중정수회로는 회로의 길이(예를 들어 패턴의 길이 a-b 사이)가 신호의 파장에 대해 매우 작은 경우이고, 분포정수회로는 회로의 길이가 신호파장 λ에 대해 무시할 수 없는 경우라 생각할 수 있다. 반사의 정도는 시스템에서 요구하고 있는 성능(신호에너지의 손실, 반사로 인한 회로의 오동작 등)에 기인한다.
- 집중정수회로로 다룰 수 있는 주파수 신호에서는 반사가 발생해도 전송하는 신호에 영향을 주는 일은 거의 없다.
- 전송하는 신호의 파장에 비해 회로의 길이를 무시할 수 없는 경우, 신호가 반사되면 전송신호에 커다란 영향을 미친다.
- 반사가 발생되면 전력을 유효하게 전송할 수 없다.(반사계수에 따라 결정된다)
- 분포정수회로는 특성임피던스 Z_0를 지닌 집중정수회로가 연속해서 특성임피던스 Z_0로 임피던스 매칭된 상태로 접속된 것으로 간주할 수 있다.

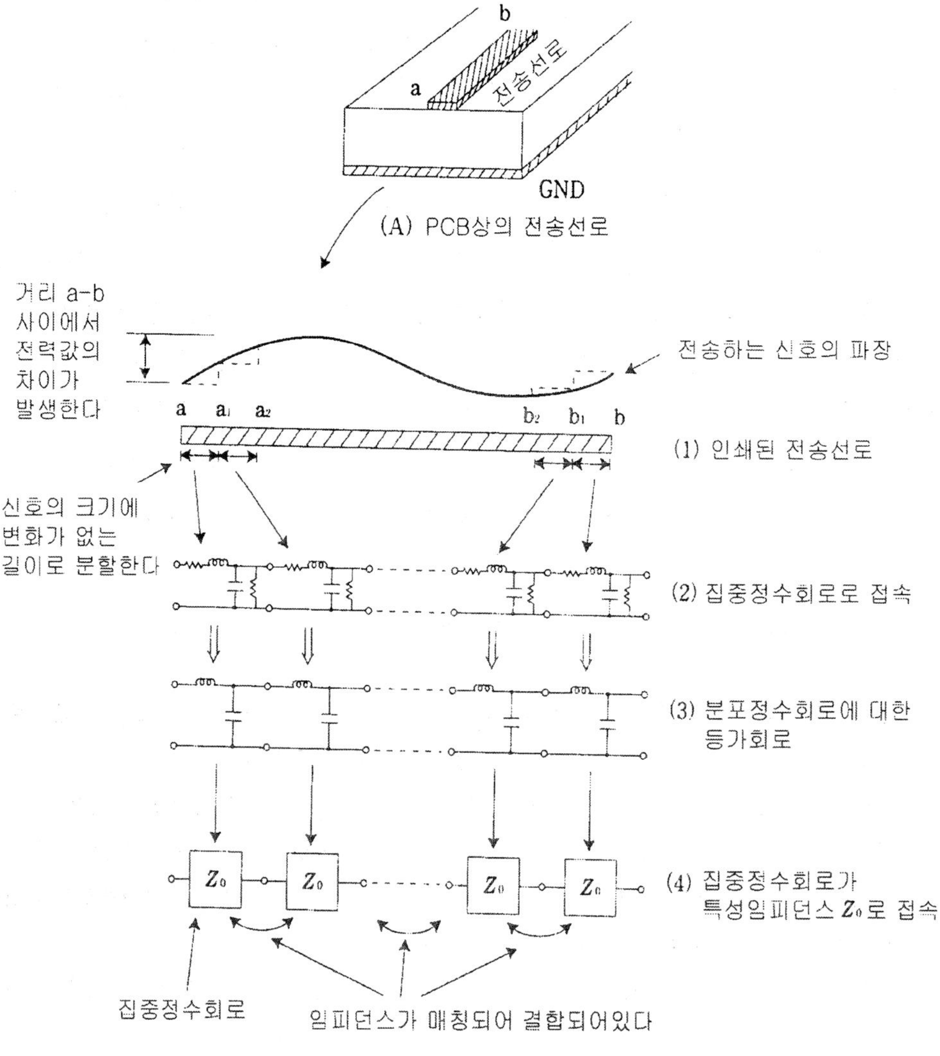

《그림 4-6》 분포정수회로는 집중정수회로가 특성임피던스 Z_0로 임피던스 매칭되어 결합한 것과 동일하다

(2) 전송회로에서 지연시간 T_0는 무엇에 의해 결정되는가?

단위구간의 인덕턴스를 $L[H/m]$, 용량을 $C[F/m]$라 하면 이 단위구간에서의 지연 시간을 $T_d = \sqrt{LC}$로 나타낼 수 있다(그림 4-7).

이 $\sqrt{LC}$의 단위가 [s/m]이 되는 것은 2.3절에서 언급한 유전율 ϵ과 투자율 μ의 관계와 같은 방식으로 구할 수 있다. 따라서 패턴(a-b 사이)이 n개의 구간으로 구성되어 전체의 길이가 $x\,[m]$이면, 패턴 전체의 지연시간 T_0는 $T_0 = x\sqrt{LC}$ [s]이 되므로 길이 x인 패턴을 전송하기 위해서는 T_0 만큼 시간이 소요되고 왕복할 경우는 2배의 시간이 걸리게 된다.

예 신호가 왕복하는 시간

인쇄된 전송선로의 단위 길이당의 용량 $C = 0.8pF/cm$, 단위길이당의 인덕턴스 $L = 8nH/cm$이라 하면 단위길이 당 지연시간 T_d는 다음과 같다.

$T_d = \sqrt{L \cdot C} = \sqrt{8 \times 10^{-9} \times 0.8 \times 10^{-12}} = 0.08ns/cm$. 따라서 패턴의 길이를 $10cm$로 하면 $0.8ns$ 만큼 늦어지게 된다. 신호가 반사되어 되돌아오는 경우는 $1.6ns$가 소요된다.

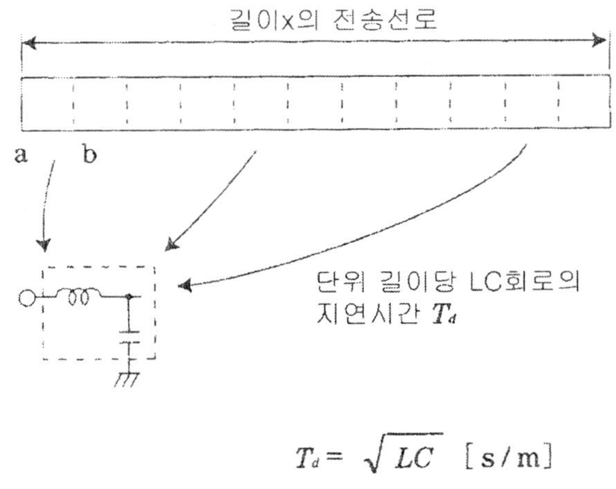

《그림 4-7》 길이 x인 전송선로의 지연시간

4.3 집중정수회로와 분포정수회로에서 신호전송조건 (임피던스)의 차이

(1) 수신측의 임피던스를 최대로 할지, 특성임피던스에 맞출지의 차이

집중정수회로에서 특히 입출력 임피던스가 설정되어 있는 필터나 전송선로에서는 보통 전송해야 될 신호의 반사를 최대한 막기 위해서 소자가 지닌 특성임피던스에 송·수신측을 임피던스 매칭시켜 사용하는 것이 일반적이다. 집중정수 회로나 분포정수 회로도 기본적으로 신호를 송신측에서 수신측으로 최대한 전송해야한다는 원리는 동일하다.

집중정수회로에서는 신호원을 전압으로 다루는 일이 많고 이 전압의 손실을 최소로 하기위한 전송을 한다. 이를 위해서 그림 4-8처럼 신호원 측의 송출 임피던스 R_i를 최대한 작게 하고 수신측의 임피던스 R_L을 최대한 크게 해서 신호를 전송하는 것이 원칙이다. 종종 신호를 증폭할 때 증폭기의 입력임피던스를 높게 해서 출력 임피던스를 낮게 하는 것은 이 때문이다. 이렇게 하면 입력신호는 거의 손실 없이 출력단으로 전송된다.

한편 그림 4-9처럼 신호의 파장에 비해 전송선로의 길이를 무시할 수 없는 경우는 전송회로가 지닌 특성임피던스 Z_0에 송신측의 임피던스 $Z_i(Z_i = Z_0)$를 정합시키고 또 수신측의 임피던스도 전송회로의 특성임피던스 Z_0에 정합시켜 신호를 전송시키는 것이 기본이다.

이렇게 임피던스 매칭을 취함으로써 수신 측에서 반사가 없어지고 손실 없이 송신전력을 수신 측으로 전송할 수 있다. 신호로서 전압(예를 들면 펄스)을 전송하는 경우도 분포정수회로에서는 임피던스매칭을 취함으로 반사되는 신호가 최소가 되어 감쇄 없이 전송할 수 있다. 고주파 전송에서는 특정 주파수에서 임피던스 매칭할 때에 저항을 사용하면 전력이 손실되기 때문에 L과 C를 이용해 임피던스 매칭을 한다.

≪포인트≫

- 집중정수회로에 있어서 신호를 전송할 때 송신측의 임피던스는 최대한 작게, 수신측의 임피던스는 최대한 크게 해서 신호의 전송 손실을 최소화시켜야 한다.
- 분포정수회로에 있어서 신호를 전송할 때 송신측의 임피던스와 수신측의 임피던스를 전송선로의 특성임피던스와 최대한 맞춰서 반사를 최소화시켜야 한다.

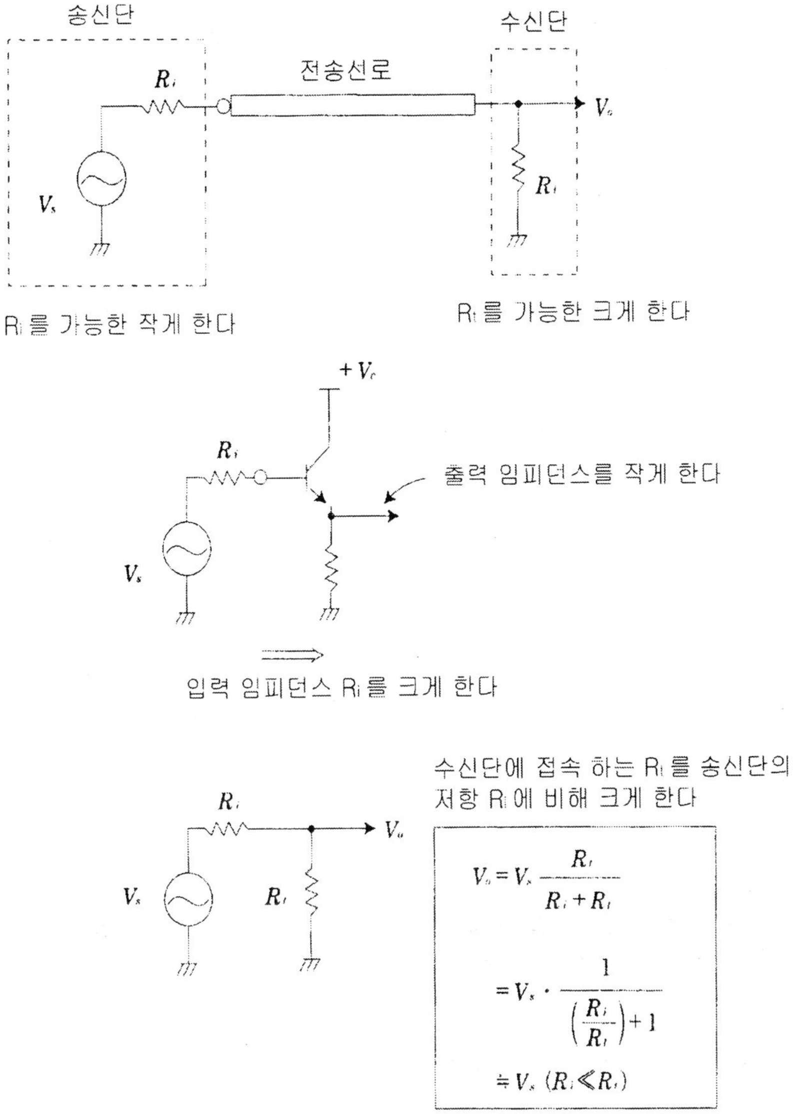

≪그림 4-8≫ 집중정수회로로 했을 때의 신호전송조건(임피던스)

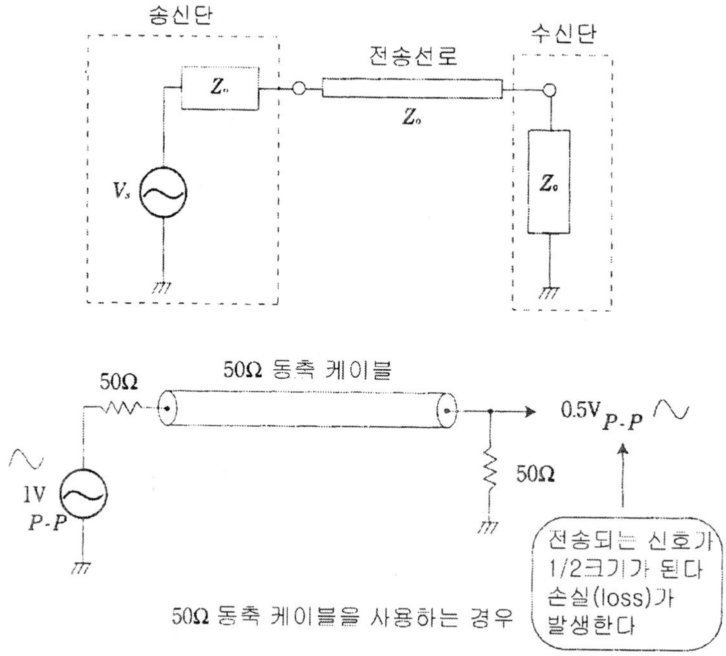

≪그림 4-9≫ 분포정수회로로 했을 때의 신호전송조건

4.4 분포정수회로를 전송하는 파는 어떻게 나타낼 수 있을까

그림 4-10(a)는 신호 V_s로부터 부하 Z_L까지를 분포정수회로로 가정했을 때 임의의 구간 dx를 집중정수회로로 나타내고 있다. 단위 길이당 저항을 R, 인덕터를 L, 용량을 C, 컨덕턴스를 G라 하고 이 단위구간 dx에서 발생하는 전압과 전류의 관계를 나타내면 그림 4-10(b)와 같다. a-c 사이의 전압을 $V+dV$로 하고, a-b 사이에서 전압강하를 dV로 하면 b-d 사이에서 발생하는 전압은 V가 된다. 구간 a-b에 대한 전압 dV에 옴의 법칙을 적용하면 다음과 같다.

$$\begin{aligned} dV &= (R \cdot dx + j\omega L \cdot dx)I \\ &= (R + j\omega L)dx \cdot I \end{aligned}$$

이로부터 단위구간 dx에서 전압변화 $\frac{dV}{dx}$는 $\frac{dV}{dx}=(R+j\omega L)I$가 된다. 여기서 $Z=R+j\omega L$ 이라 하면 다음과 같다.

$$\frac{dV}{dx}=ZI \tag{4.1}$$

또 구간 b-d를 흐르는 전류를 dI라 하면 이 전류는 C와 G를 흐르기 때문에 다음과 같이 된다.

$$\begin{aligned} dI &= V(G\cdot dx + j\omega C\cdot dx) \\ &= V(G+j\omega C)dx \end{aligned}$$

이로부터 단위구간 dx에서 전류변화 $\frac{dI}{dx}$는 $\frac{dI}{dx}=V(G+j\omega C)$이 된다. 여기서 $Y=G+j\omega C$ 라 하면 다음과 같다.

$$\frac{dV}{dx}=YV \tag{4.2}$$

식 (4.1)과 식 (4.2)는 서로 연관돼 있으므로 식 4(.1)의 양변을 미분하고 식 (4.2)를 대입하면

$$\frac{dV^2}{dx^2}=Z\frac{dI}{dx}=YZV \tag{4.3}$$

이고 전압 V와 거리 x에 관한 2차 미분방정식이 된다.

또한 식 (4.2)의 양변을 미분해서 식 (4.1)을 대입하면

$$\frac{dI^2}{dx^2}=Y\frac{dV}{dx}=YZI \tag{4.4}$$

가 되고 전류 I와 거리 x에 관한 2차 미분방정식이 된다.

식 (4.3)의 2차 미분방정식을 풀기 위해서 $V=e^{\gamma x}$라 하면 식 (4.3)에서 $\gamma^2e^{\gamma x}=YZe^{\gamma x}$이므로 $\gamma^2=YZ$, $\gamma=\pm\sqrt{YZ}$ 이 된다.

따라서 식 (4.3)은 다음과 같은 진행파(traveling wave)해를 갖는다.

$$V = Ae^{\gamma x} + Be^{-\gamma x} \tag{4.5}$$

여기서 A, B는 임의의 상수이다.

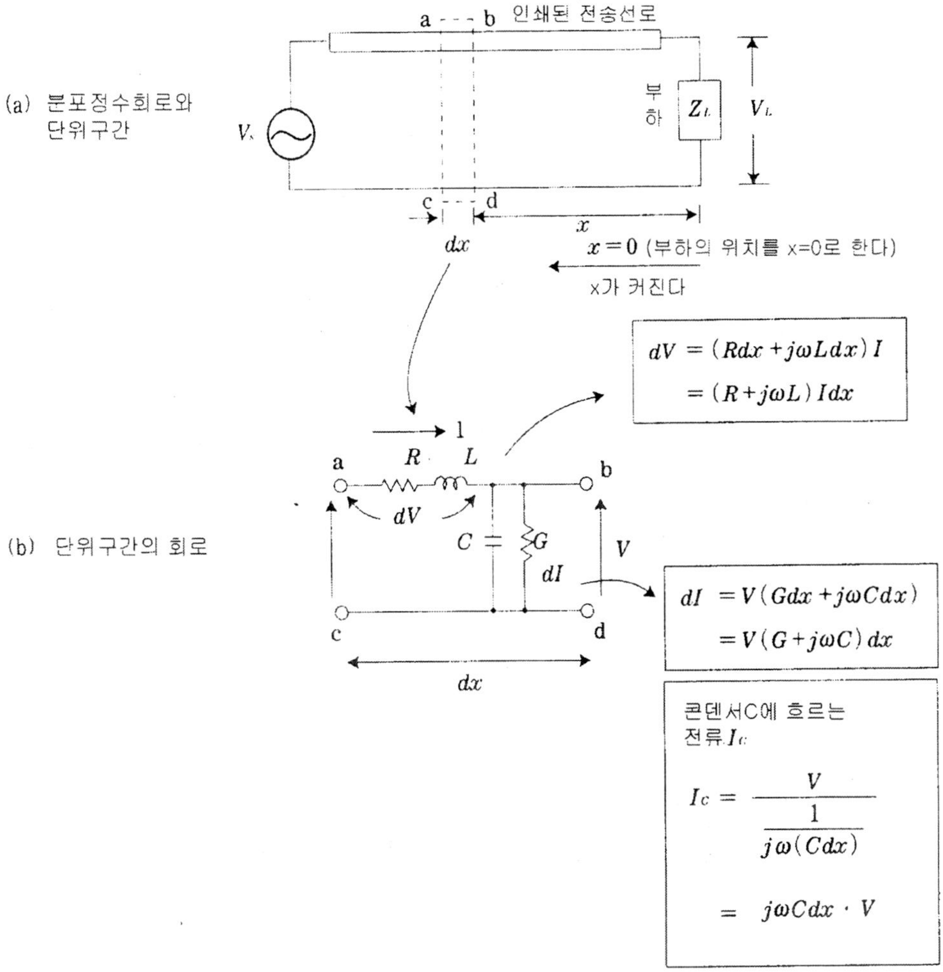

《그림 4-10》 단위구간의 전송선로에서 전압과 전류의 관계

4.5 분포정수회로에서 전압과 전류의 관계

거리 x에 있어서 전압 $V = Ae^{\gamma x} + Be^{-\gamma x}$식이 의미하는 것은 $Ae^{\gamma x}$는 거리 x(거리 x는 부하를 원점($x = 0$)으로 한다)가 클수록 커져서 송신단에서 최대값을 갖게 되는데 이것은 입사파를 나타내고 A는 입사파의 크기이다. 한편 $Be^{-\gamma x}$는 x가 커질수록 작아진다. 이것은 부하에 가까워지면 커지고 멀어지면 줄어들기 때문에 부하로부터 반사된 반사파를 나타내며 B는 반사파의 크기를 나타낸다. 다시 말해 식 (4.5)에는 입사파와 반사파 모두가 존재한다는 것을 의미한다. 마찬가지 방법으로 식 (4.4)도 다음과 같이 나타낼 수 있다.

$$I = A'e^{\gamma x} + B'e^{-\gamma x} \tag{4.6}$$

여기서 A, A'. B, B'는 식 (4.1), 식 (4.2)에 의해 서로 연관되어 있으므로 식 (4.1)로부터

$$dV/dx = A\gamma e^{\gamma x} - B\gamma e^{-\gamma x} = A'Ze^{\gamma x} + B'Ze^{-\gamma x}$$

이고 A, A', B, B' 사이에는 다음과 같은 관계가 성립한다.

$$A\gamma = A'Z,\ A = A'\sqrt{\frac{Z}{Y}} \tag{4.7}$$

$$-B = B'\sqrt{\frac{Z}{Y}} \tag{4.8}$$

여기서 $\sqrt{\frac{Z}{Y}}$는 임피던스의 차원이고 그림 4-9(b)에 보이는 전송선로의 특성을 나타내는 특성임피던스 Z_0이다. 또 $\gamma = \sqrt{YZ}$는 Y의 값과 Z의 값에 의해 결정되는 상수이고, 파의 전파에 관한 것으로 전파상수(propagation constant)라 한다.

다시 말해 $\gamma = \sqrt{YZ}$, $Z_0 = \sqrt{\frac{Z}{Y}}$는 전송선로의 특징을 결정하는 중요한 파라미터이다.

식 (4.7)과 식 (4.8)로부터 $A = A'Z_0,\ B = -Z_0B'$가 된다.

A'과 B'을 식 (4.6)에 대입하면 다음과 같다.

$$I = (A/Z_0)e^{\gamma x} - (B/Z_0)e^{-\gamma x} \tag{4.9}$$

≪포인트≫

- $V = Ae^{\gamma x} + Be^{-\gamma x}$에는 진행하는 파(입사파 $Ae^{\gamma x}$)와 반사하는 파(반사파 $Be^{-\gamma x}$) 모두가 포함되어 있다.
- 부하의 위치를 $x = 0$으로 한 경우(기준을 부하로 했을 때) $Ae^{\gamma x}$는 x가 커지면 송신단에서 최대값을 갖게 되는데 이것이 입사파가 된다.
- $Be^{-\gamma x}$는 부하에 가까워질수록 커지고 멀어질수록 작아지기 때문에 반사파가 된다.
- 전송회로의 식을 특징짓는 $\gamma = \sqrt{YZ}$는 회로정수 $(R,\ L,\ C,\ G)$에 의해 정해지는 Y와 Z의 곱으로 전파상수라 한다.
- $Z_0 = \sqrt{\dfrac{Z}{Y}}$는 임피던스의 차원을 지니고, 전송회로의 특징을 결정하는 임피던스로 특성임피던스라 한다.
- $V = Ae^{\gamma x} + Be^{-\gamma x}$와 $I = (A/Z_0)e^{\gamma x} - (B/Z_0)e^{-\gamma x}$을 비교하면 전압의 반사파(+)와 전류의 반사파(-)는 부호가 다르다. 이는 전류의 반사는 위상이 180° 달라지는 것을 의미한다.

4.6 분포정수회로에 중요한 전파상수 γ와 특성임피던스 Z_0

(1) 전파상수 γ (복소수 : 크기와 위상)

전파상수 γ는 $\gamma = \sqrt{YZ}$로 나타낼 수 있고 일반적으로 $YZ = (R + j\omega L)(G + j\omega C)$

이므로 전파상수 γ는 복소수값을 갖는다. 여기서 $\gamma = \alpha + j\beta$로 나타낼 수 있다. 거리 x에 따른 전압 $V = Ae^{\gamma x} + Be^{-\gamma x}$에 대해 입사파 $e^{\gamma x}$와 반사파 $e^{-\gamma x}$를 고려하면 감쇄정수 α에 의한 파의 크기는 그림 4-11 (a)와 같이 변화하므로 입사파는 다음과 같이 나타낼 수 있다.

$$e^{\gamma x} = e^{(\alpha + j\beta)x} = e^{\alpha x} \bullet e^{j\beta x} = e^{\alpha x}(cos\beta x + jsin\beta x)$$

마찬가지 방법으로 반사파도 다음과 같이 나타낼 수 있다.

$$e^{-\gamma x} = e^{-(\alpha + j\beta)x} = e^{-\alpha x} \bullet e^{-j\beta x} = e^{-\alpha x}[cos(-\beta x) + jsin(-\beta x)]$$

여기서 $e^{\alpha x}$와 $e^{-\alpha x}$는 거리 x에 대한 파의 감쇠정도를 나타내기 때문에 감쇄정수라 하고 $e^{j\beta x}$는 파의 위상을 나타내므로 β는 위상정수라 한다. 감쇄정수 α와 위상정수 β의 관계를 그림 4-11에 나타내었다.

(2) 무손실 선로

전송선로가 무손실이면 저항성분 R이 매우 작기 때문에 $R \ll j\omega L$, $G \ll j\omega C$이므로 전파상수 γ는 다음과 같이 간략화된다.

$$\gamma = \sqrt{YZ} = \sqrt{j^2\omega^2 LC} = j\omega\sqrt{LC} = j2\pi f\sqrt{LC}$$

다시 말해 전파상수 γ의 실수부와 허수부가 $\alpha = 0$과 $j\beta = j2\pi f\sqrt{LC}$가 되므로 $\beta = 2\pi f\sqrt{LC}$ 이다. 여기서 거리 x와 위상정수 β의 관계는 그림 4-12와 같이 거리 x(한 파장 λ)에서 위상이 2π가 되기 때문에 $\beta x = \beta \cdot \lambda = 2\pi$로부터 $\beta = \frac{2\pi}{\lambda}$이므로 $\frac{2\pi}{\lambda} = 2\pi f\sqrt{LC}$의 관계가 성립하므로 파가 전파하는 속도는 v는 $v = f \cdot \lambda = \frac{1}{\sqrt{LC}}$이 된다.

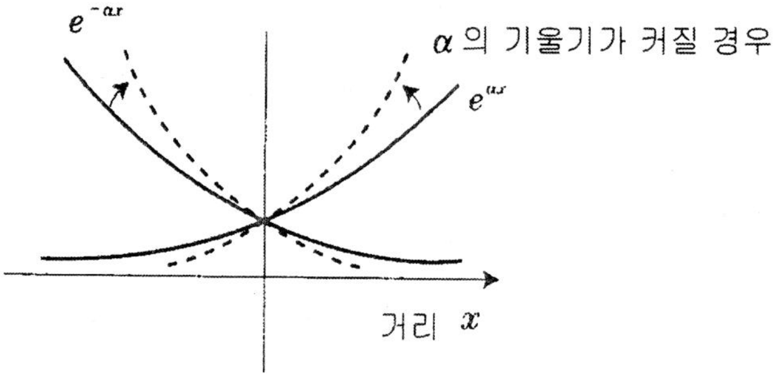

(a) α를 크게 했을때 입사파와 반사파

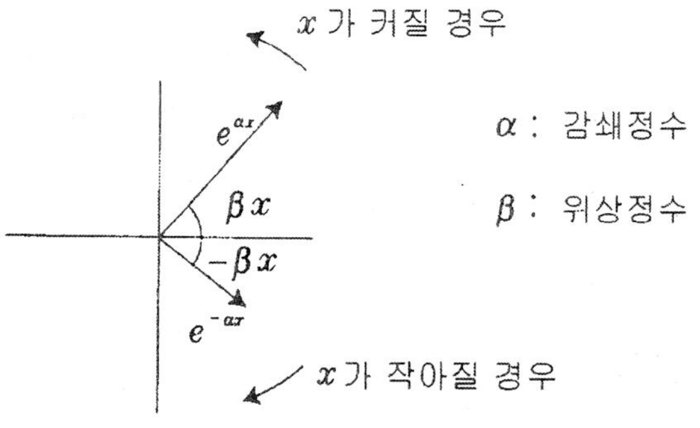

(b) 감쇄정수 α와 위상정수 β의 관계

≪그림 4-11≫ 전파상수 $\gamma = \alpha + j\beta$

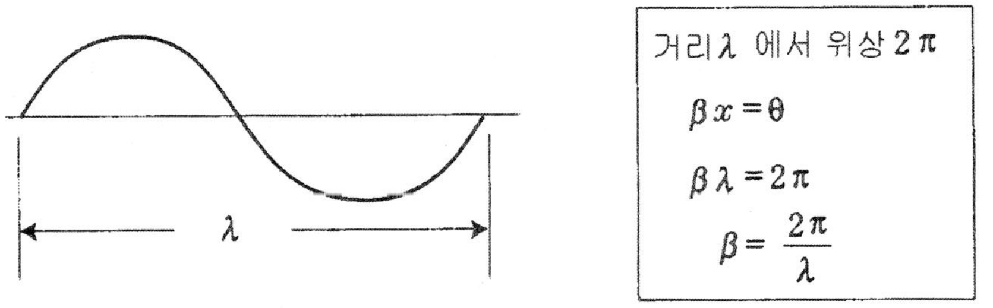

≪그림 4-12≫ 거리 x와 위상정수 β의 관계

(3) 특성임피던스

특성임피던스 Z_0는

$$\begin{aligned} Z_0 &= \sqrt{\frac{Z}{Y}} \quad [\Omega] \\ &= \sqrt{\frac{R+j\omega L}{G+j\omega C}} \quad [\Omega] \\ &= r + jx \\ &= \sqrt{r^2+x^2}e^{j\theta} \end{aligned}$$

로 표시되고 전송선로의 특징을 나타낸다.

특성임피던스는 Y, Z가 일반적으로 복소수이기 때문에 Z_0는 크기와 위상을 갖는다. 여기서 전파상수 γ와 동일한 방법으로 무손실 전송선로를 고려하면 $R \ll j\omega L$, $G \ll j\omega C$ 에서 선로의 길이와는 관계 없이 L, C 값에 의해 특성임피던스는 다음과 같이 결정된다.

$$Z_0 = \sqrt{\frac{R+j\omega L}{G+j\omega C}} = \sqrt{\frac{L}{C}} \quad [\Omega]$$

≪포인트≫

- 전파상수 γ, 특성임피던스 Z_0는 일반적으로 복소수값을 갖는다.
- 무손실 선로에서 파의 전파 속도는 L, C 에 의해 결정된다.
- 무손실 선로에서 특성임피던스는 L, C에 의해 결정된다.

4.7 분포정수회로에서 반사계수 ρ

(1) 부하($x=0$)에서 전압과 전류의 특성

그림 4-10(a)에서 부하 Z_L의 전압은 V_L이므로 식 (4.5)에 $x=0$을 대입하면

$$V_L = A + B \tag{4.11}$$

이고 전류에 대해서는 식 (4.10)에 $x=0$을 대입하면 다음과 같다.

$$I = \frac{A}{Z_0} - \frac{B}{Z_0} = \frac{A-B}{Z_0} \tag{4.12}$$

식 (4.11)과 식 (4.12)에서 입사파의 크기 A와 반사파의 크기 B를 구하면

$$A = \frac{V_L + Z_0 \cdot I_L}{2}, \quad B = \frac{V_L - Z_0 \cdot I_L}{2}$$

이 되고 A와 B를 식 (4.5)와 식 (4.10)에 대입하면 다음과 같다.

$$V = [\frac{V_L + Z_0 \cdot I_L}{2}]e^{\gamma x} + [\frac{V_L - Z_0 \cdot I_L}{2}]e^{-\gamma x}$$

$$I = [\frac{V_L + Z_0 \cdot I_L}{2Z_0}]e^{\gamma x} - [\frac{V_L - Z_0 \cdot I_L}{2Z_0}]e^{-\gamma x}$$

입사파 $Ae^{\gamma x}$에 대한 반사파 $Be^{-\gamma x}$의 비를 구하면

$$\frac{Be^{-\gamma x}}{Ae^{\gamma x}} = \frac{(V_L - Z_0 \cdot I_L)}{(V_L + Z_0 \cdot I_L)} e^{-2\gamma x}$$

이고 부하점($x=0$)에서 반사계수 ρ는 다음과 같다.

$$\rho = B/A = \frac{V_L - Z_0 \cdot I_L}{V_L + Z_0 \cdot I_L}$$

$$= \frac{(V_L/I_L - Z_0)}{(V_L/I_L + Z_0)} = \frac{Z_L - Z_0}{Z_L + Z_0}$$

부하에서 전송선로의 반사계수를 나타낸 것이 그림 4-13이다.

≪포인트≫

- 입사파와 반사파 크기의 비는 부하임피던스 Z_L과 특성임피던스 Z_0를 알면 구할 수 있다.

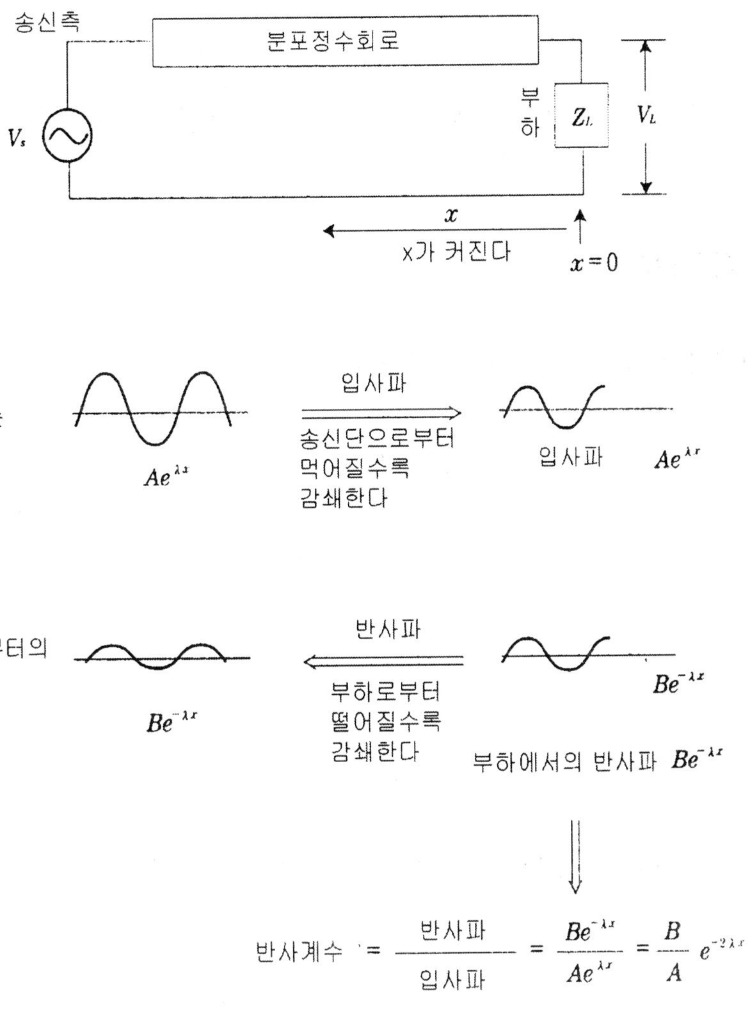

≪그림 4-13≫ 부하와 반사계수의 관계

4.8 전압 반사계수와 전류 반사계수

반사의 크기를 나타내기 위해서 반사계수를 사용한다. 반사계수는 입사파에 대한 반사파의 비를 말한다. 입사파에 대한 반사파의 비는 입사파에 대한 크기와 위상변화를 포함하고 있다. 일반적으로 반사계수를 전압과 전류에 대한 반사로 나타내는데 다음과 같이 전압반사계수 ρ_v와 전류반사계수 ρ_i로 정의한다.

- 전압반사계수 $\rho_v = \dfrac{\text{반사전압}}{\text{입사전압}} = \dfrac{V_2}{V_1}$
- 전류반사계수 $\rho_i = \dfrac{\text{반사전류}}{\text{입사전류}} = \dfrac{I_2}{I_1}$

(1) 전압반사계수 ρ_v

부하에서 전압 반사계수 ρ_v는 다음과 같다.

$$\rho_v = \frac{B}{A} = \frac{V_L - Z_0 I_L}{V_L + Z_0 I_L}$$

$$= \frac{\dfrac{V_L}{I_L} - Z_0}{\dfrac{V_L}{I_L} + Z_0}$$

$$= \frac{Z_L - Z_0}{Z_L + Z_0} \tag{4.13}$$

이로부터 입사전압 V_1에 대한 반사전압 V_2의 비인 전압반사계수 ρ_v를 구하면,

$$\rho_v = \frac{V_2}{V_1} = \frac{Z_L - Z_0}{Z_L + Z_0}$$

여기서 Z_0는 50Ω, 100Ω 등으로 표시되는 분포정수회로의 특성임피던스이다. 그러나 부하임피던스는 R뿐 아니라 R, L, C의 조합으로 사용되기도 한다. 이러한 경우 전압반사계수 ρ_v는 복소수이므로 크기를 Γ, 위상을 ϕ로 나타내면 전압 반사계수 ρ_v는 다음과 같다.

$$\rho_v = \frac{Z_L - Z_0}{Z_L + Z_0} = \Gamma e^{j\phi}$$

송신단도 같은 방법으로 적용하면(송신단의 부하에 의해 반사가 생긴다) 전압반사계수 ρ_v는 전송선로의 특성임피던스 Z_0와 부하임피던스 Z_L에 의해 정해진다. 반사계수가 크다는 것은 입사전압에 대해 반사되는 전압의 크기가 크다는 의미이다. 이것은 입사전압에 큰 영향을 주어 입사전압의 파형이 왜곡된다.

(2) 전류 반사계수 ρ_i

부하에서 전류 반사계수 ρ_i는 다음과 같다.

$$\begin{aligned}\rho_i &= -\frac{B}{A} = -\frac{V_L - Z_0 I_L}{V_L + Z_0 I_L} \\ &= -\frac{V_L/I_L - Z_0}{V_L/I_L + Z_0} \\ &= -\frac{Z_L - Z_0}{Z_L + Z_0}\end{aligned}$$

위 식으로부터 입사전류 I_i와 반사전류 I_o의 비인 전류반사계수 ρ_i를 구하면

$$\begin{aligned}\rho_i &= \frac{I_o}{I_i} = -\frac{Z_L - Z_0}{Z_L + Z_0} \\ &= -1 \times \frac{Z_L - Z_0}{Z_L + Z_0} \\ &= e^{j\pi} \cdot \Gamma e^{j\phi} \\ &= \rho_v e^{j\pi}\end{aligned}$$

이고 전류 반사계수 ρ_i 는 전압 반사계수 ρ_v와 크기는 같고 부호가 반대로 된다(위상이 180° 늦다)(그림 4-14).

≪포인트≫

- 전류 반사계수 ρ_i의 크기와 전압 반사계수 ρ_v의 크기는 같고 부호는 반대이다.

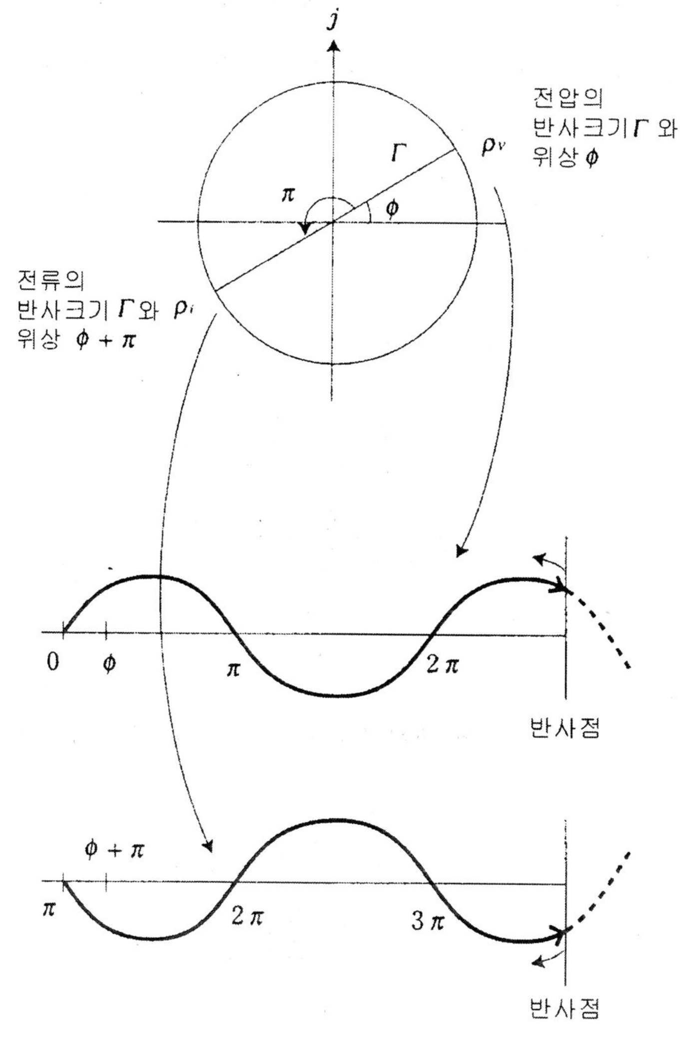

≪그림 4-14≫ 전압반사와 전류반사의 관계

4.9 집중정수회로와 분포정수회로의 비교(트랩회로, 밴드패스필터)

(1) 집중정수회로의 특성

그림 4-15는 집중정수형 필터로 대역저지필터(TRAP Filter, BSF:Band Stop Filter, BEF:Band Elimination Filter 모두 동일한 의미이다)와 대역통과필터(BPF:Band Pass Filter)에 대한 간단한 회로도와 주파수특성을 나타낸다.

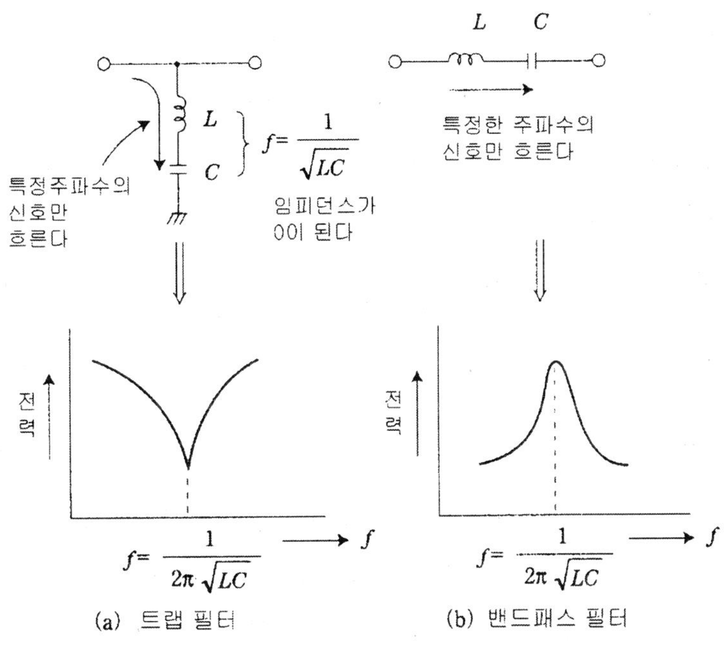

≪그림 4-15≫ 집중정수회로로 구성된 BEF와 BPF의 주파수특성

(2) 분포정수회로의 특성

그림 4-16(a)는 대역저지필터에 대한 분포정수회로이다. 이 분포정수회로를 마이크로스트립 구조의 패턴으로 나타내면 그림 4-16(b)와 같이 된다. 패턴의 중앙지점(a-b)에 $\frac{\lambda}{4}$ 패턴이 삽입돼있다(b점은 개방(open)되어 있다). a-b패턴에서 전송하는 신호의 크

기를 살펴보면 그림 4-16(c)와 같이 a점에서 신호크기가 최소가 되고 b점에서 최대 신호가 된다. 이때 각 지점에서 신호에 대한 파장을 구하면 $\frac{\lambda}{4}$, $(\frac{\lambda}{2}+\frac{\lambda}{4})$, $(\lambda+\frac{\lambda}{4})$, …… $(\frac{n}{2}\lambda+\frac{\lambda}{4})$이다.

주파수 관점에서 $\frac{\lambda}{4}$가 되는 신호의 주파수를 f_1이라 하면(속도 $v=f\cdot\lambda$의 관계) 분포정수회로에서는 그림 4-16(d)와 같이 주파수 f_1일 때뿐만 아니라 $3f_1$, $5f_1$, $7f_1$ ………와 같이 홀수배의 주파수에서 차단되는 주파수가 나타난다. 이것이 집중정수회로에서 f_1만 있었던 것과 크게 다르다.

그림 4-17(a)는 BPF의 분포정수회로이다. 이 분포정수회로를 마이크로스트립 구조의 패턴으로 나타내면 그림 4-17(b)와 같이 된다. 패턴의 중앙지점(a-b)에는 $\frac{\lambda}{4}$패턴이 삽입돼있다(b점이 단락(short)되어있다). a-b패턴에서 전송하는 신호의 크기를 살펴보면 그림 4-17(c)와 같이 a점에서 신호의 크기가 최대가 되고 b점에서 최소가 된다. 이 때 각 지점에서 파장을 구하면 $\frac{\lambda}{4}$, $(\frac{\lambda}{2}+\frac{\lambda}{4})$, $(\lambda+\frac{\lambda}{4})$, …… $(\frac{n}{2}\lambda+\frac{\lambda}{4})$이다. (같은 원리로 $\frac{\lambda}{2}$의 신호가 전송되면 a점, b점 모두 최소 크기가 되어 대역저지필터와 같은 기능을 한다). 주파수 관점에서 $\frac{\lambda}{4}$가 되는 신호의 주파수를 f_1이라 하면 분포정수회로에서는 그림 4-17(d)에 나타나듯이 주파수가 f_1일 때뿐만 아니라 $3f_1$, $5f_1$, $7f_1$ ……처럼 홀수배의 주파수마다 최대 크기(통과되는 신호)가 나타나고 f_1의 짝수배의 주파수에서는 크기가 최소가 되는 것이 특징이다. 이것도 집중정수회로에서는 f_1뿐이었던 것과 크게 다르다.

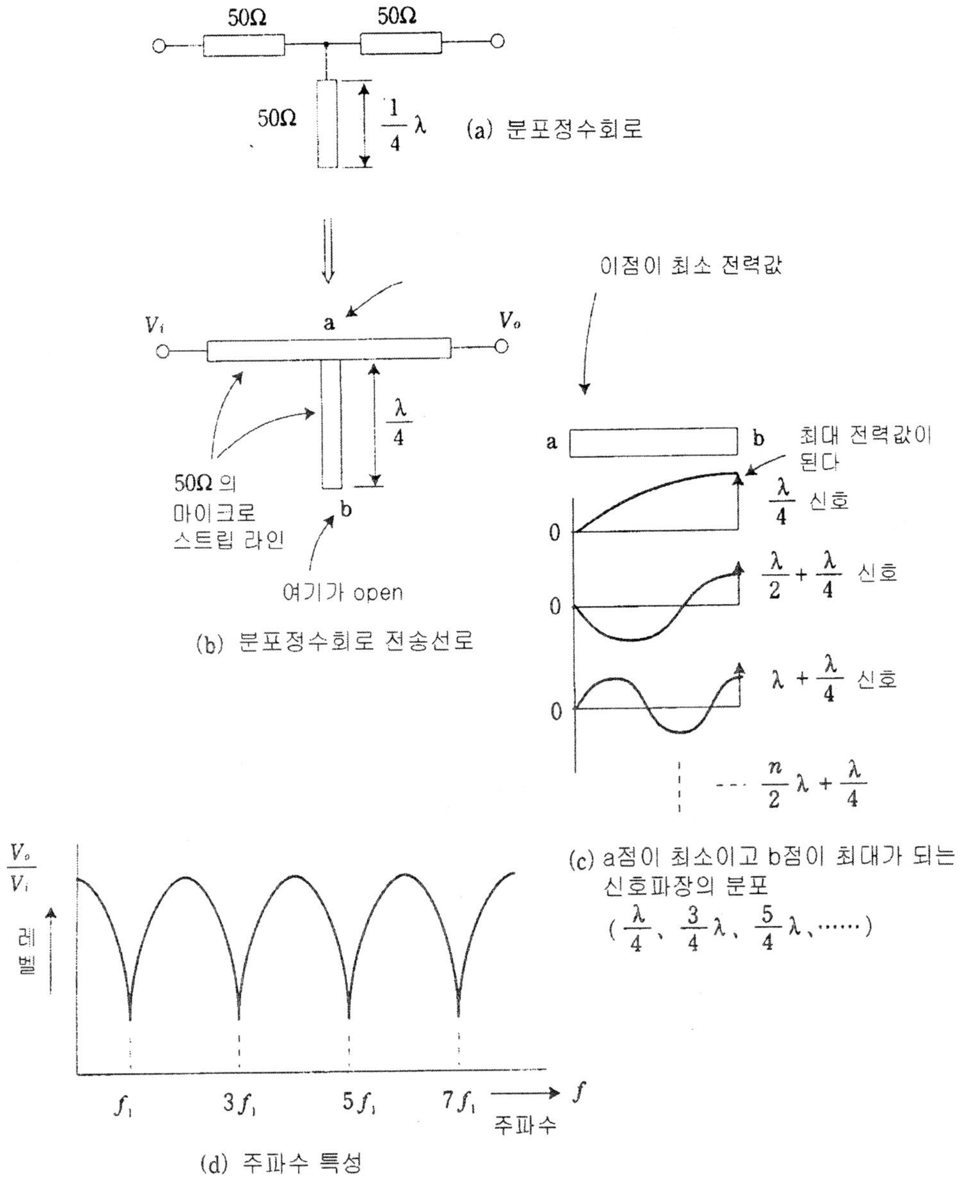

≪그림 4-16≫ BEF에 대한 분포정수회로

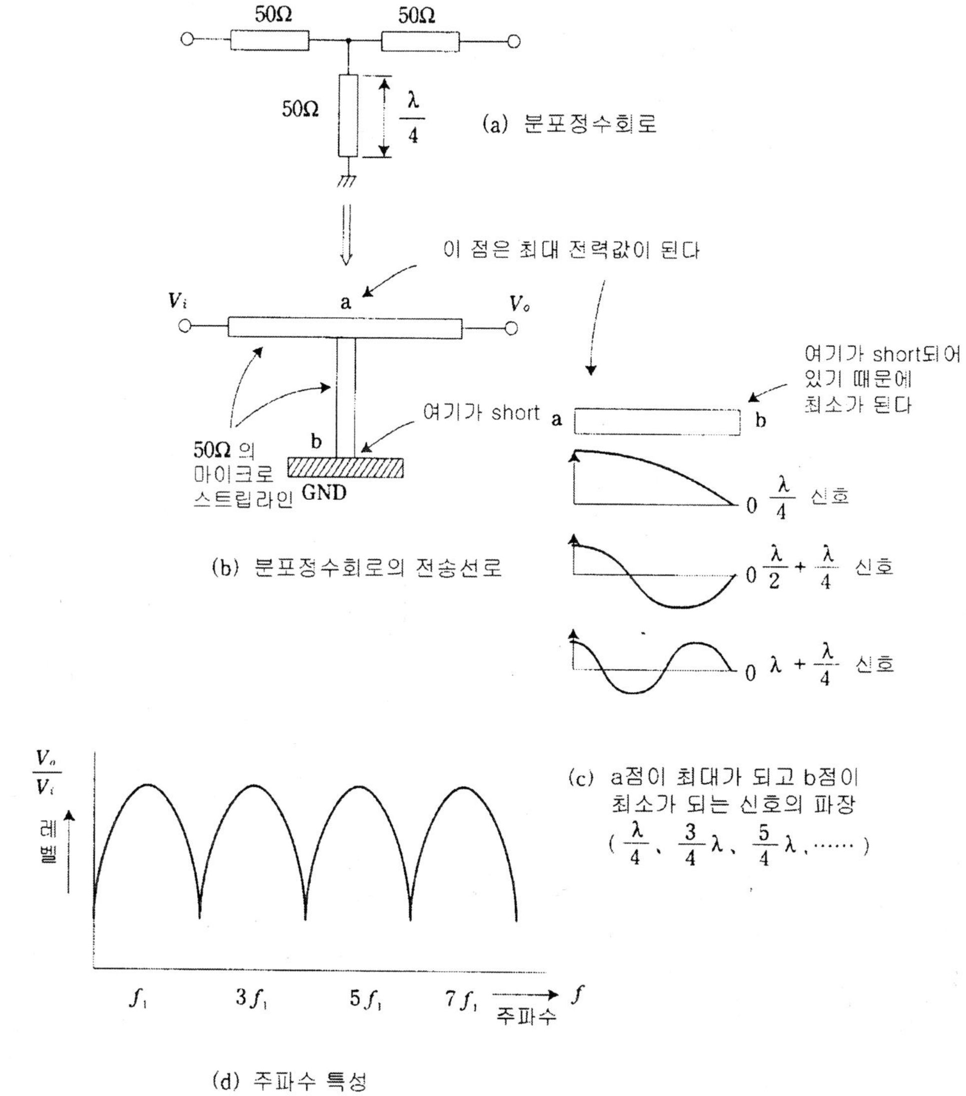

《그림 4-17》 BPF에 대한 분포정수회로

5

임피던스 매칭과 특성임피던스의 관계

이 장에서는 다음의 내용을 학습한다.

- 임피던스 매칭이 필요한 이유?
- 임피던스 매칭을 하지 않았을 때 발생되는 문제점
- 반사의 크기와 반사계수는 어떻게 나타낼 수 있을까?
- 신호를 전송하는 인쇄된 전송선로의 특성 임피던스와 동축케이블의 특성임피던스는 무엇에 의해 결정되는가?

5.1 임피던스 매칭의 조건

(1) 반사에 의한 전력손실

임피던스 매칭의 의미는 신호의 반사를 최소한으로 하는 것이다. 반사가 발생함에 따라 신호파형에 변화가 발생해서 전력이 100% 전송되지 않아 손실이 발생한다. 이런 현상들은 분포 정수회로에서 일어난다.

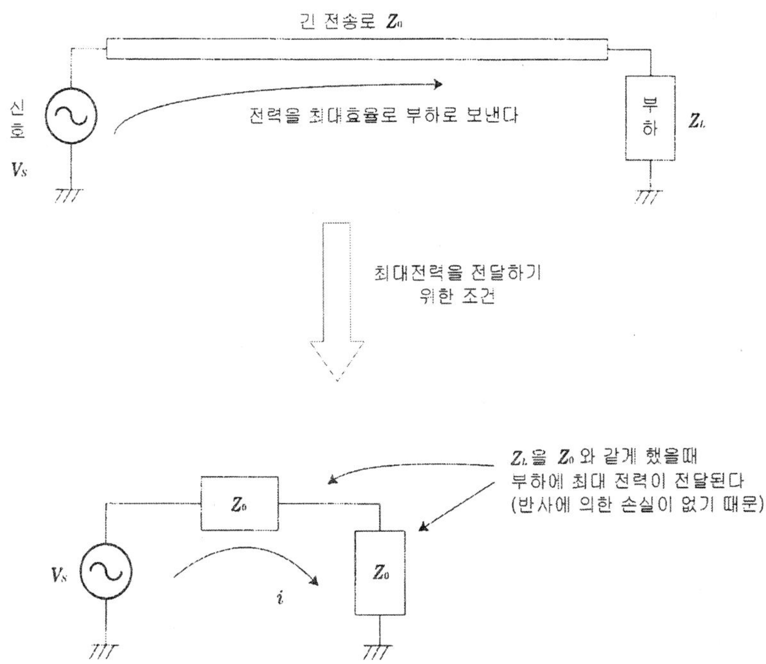

《그림 5-1》 임피던스 매칭을 통한 최대전력 전달

그림 5-1에서처럼 신호 V_s를 특성임피던스 Z_0의 전송선로를 통해서 부하 Z_L에 공급할 경우 부하에 공급되는 전력 W_L은 부하에 흐르는 전류를 i라 하면 다음과 같이 된다.

$$\begin{aligned} W_L &= i^2 \times Z_L \\ &= \left(\frac{V_s}{Z_0 + Z_L}\right)^2 \cdot Z_L \end{aligned} \tag{5.1}$$

$$= V_s^2 \cdot Z_L/(Z_0^2 + 2Z_0 \cdot Z_L + Z_L^2)$$
$$= V_s^2/(Z_L + 2Z_0 + (Z_0^2/Z_L))$$

여기서 부하 Z_L에 공급되는 전력 W_L이 최대가 되기 위해서는 분모인 $(Z_L + 2Z_0 + (Z_0^2/Z_L))$이 최소값을 가져야 하므로 Z_L을 변수로 하는 $f(Z_L) = Z_L + 2Z_0 + (Z_0^2/Z_L)$인 관계가 성립한다. 이 식을 Z_L에 대해 미분하면 $f'(Z_L) = 1 - Z_0^2/Z_L^2 = 0$이고 $Z_L = Z_0$일 때 $f(Z_L)$은 최소가 되서 부하에 공급되는 전력 W_L은 최대가 된다. 다시 말해 부하임피던스 Z_L을 전송선로의 특성임피던스 Z_0와 같게 하는 것이다. 부하를 이용해 임피던스매칭을 하는 이유는 신호의 반사를 없애서 신호 전력을 최대로 전송하려는데 목적이 있다. 이때 최대전력 W_{Lmax}는 식 (5.1)에서 $Z_L = Z_0$라 하면 다음과 같다.

$$W_{Lmax} = \frac{V_s^2}{4Z_L}$$

여기서 부하임피던스 Z_L에 대한 특성임피던스 Z_0에 대한 비 Z_L/Z_0에 대해서 전송되는 전력의 변화를 그래프로 나타내기 위해서 임피던스 매칭이 되었을 때($Z_L = Z_0$)전송되는 최대전력을 100%로 하고 식 (5-1)을 이용해서 계산하면 그림 5-2와 같다.

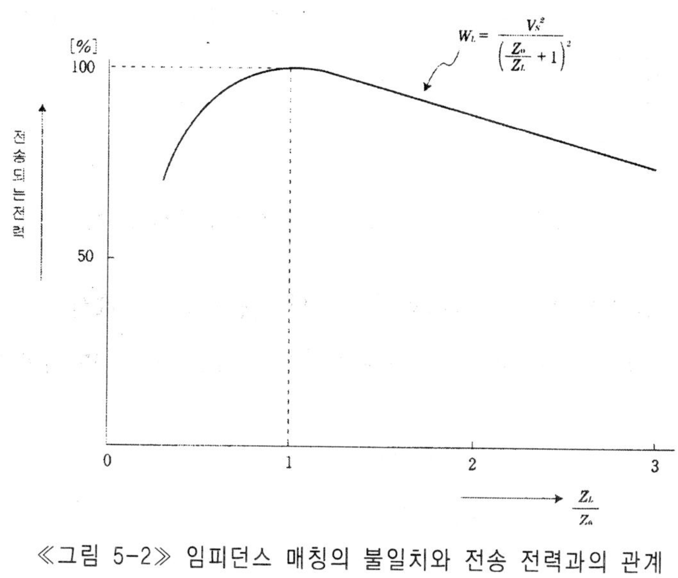

≪그림 5-2≫ 임피던스 매칭의 불일치와 전송 전력과의 관계

5.2 임피던스 매칭을 하는 방법

물속을 진행하는 파는 물을 매질로 전파해 간다. 물은 균일한 매질이기 때문에 물의 성질을 나타내는 고유한 값(특성임피던스)을 갖고 있다고 생각할 수 있다. 수중을 진행하는 파가 다른 매질에 도달하게 되면 불연속 부분에서 파가 반사된다. 이미 언급했듯이 분포정수회로는 집중정수회로가 연속해서 특성임피던스 Z_0로 연결되어있다. 같은 모양으로 1m의 동축케이블이 10cm 간격으로 50Ω의 특성 임피던스를 갖는 부분 10개가 연속해서 연결돼있다. 이처럼 동일 매질 속에서는 아무리 작게 분할해도 특성의 변화 없이 특성임피던스로 임피던스가 매칭된 상태로 접속돼있다. 같은 매질에 불연속적인 부분이 있다면 이 불연속 부분에서 반사가 생긴다. 그림 5-3은 임피던스 매칭에 대한 개념을 설명하고 있다.

그림 5-4는 실제로 임피던스 매칭을 하는 방법을 설명하고 있다. 이미 언급했듯이 신호원의 임피던스와 부하 임피던스를 전송선로의 특성임피던스 Z_0와 같은 값으로 하는 것이 신호전력을 최대로 부하에 전송하기 위한 조건이 된다. 예를 들면 그림 5-4(b)와 같이 부하를 특성임피던스와 같은 값으로 종단하는 경우는 부하에서 전력이 소비되어 신호 전압이 1/2로 된다.

한편, 그림 5-4(c)는 특정한 주파수에서 특성임피던스와 동일한 임피던스로 종단한 경우로 부하 측에서 전력이 소비되지 않는다. 안테나로부터 고주파전력을 받아 손실을 최소화 시키면서 고주파증폭기로 전송하기 위해서는 특정 주파수대의 신호만 부하로 전송하게 해야만 한다.

≪포인트≫

- 임피던스매칭이 되어 있지 않으면 신호의 전력을 손실 없이 전송할 수 없다.
- 고주파에서는 저항을 사용하면 전력이 손실되기 때문에 저항으로 임피던스매칭을 하지 않는다.
- 고주파전력(또는 고주파전계)을 받아 고주파 전력을 측정하는 계측기기(스펙트럼 분석기, 네트워크 분석기, 퍼워미터계 등)는 순저항 50Ω으로 수신한다.

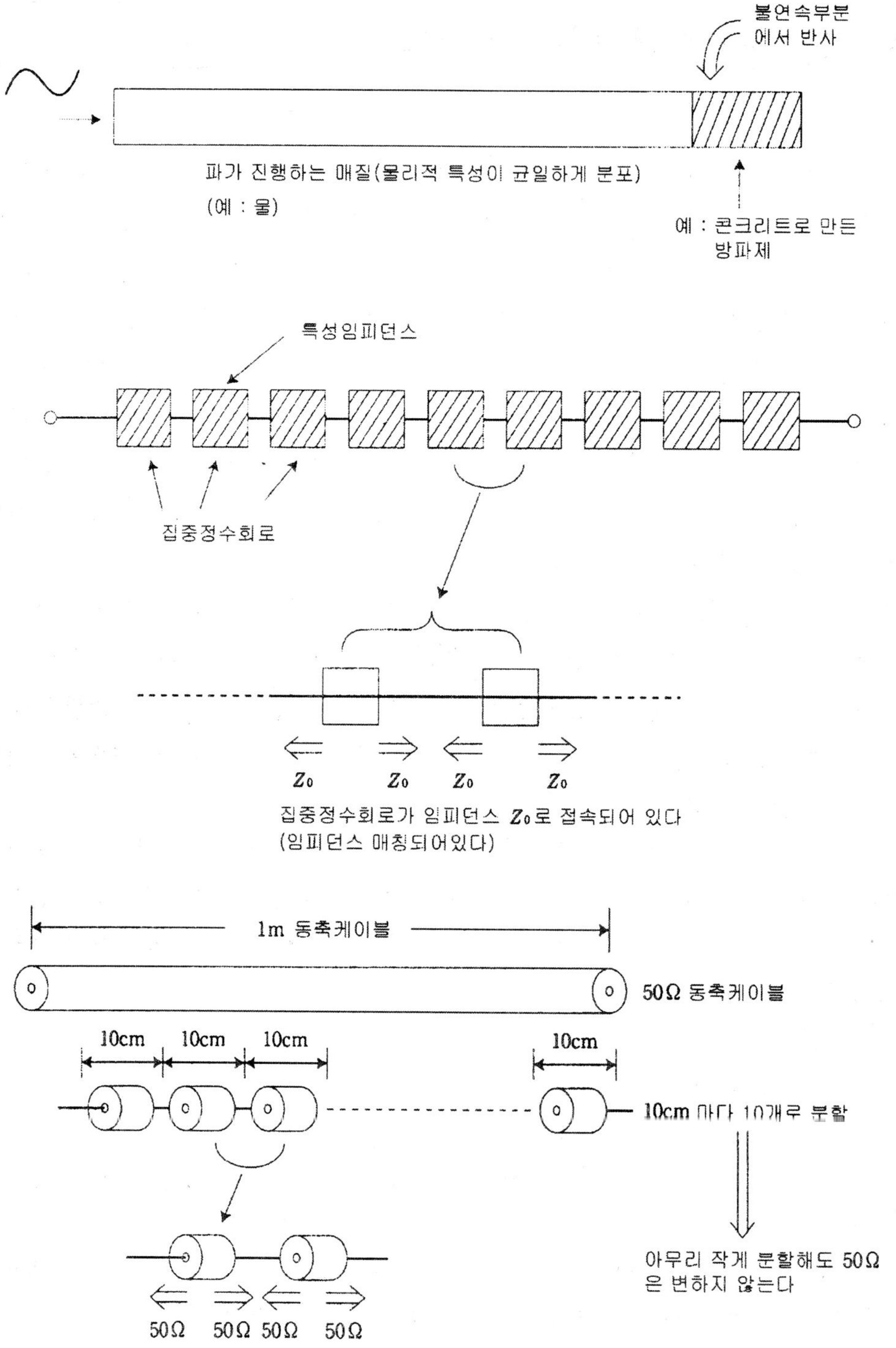

≪그림 5-3≫ 개념적으로 설명한 임피던스 매칭법

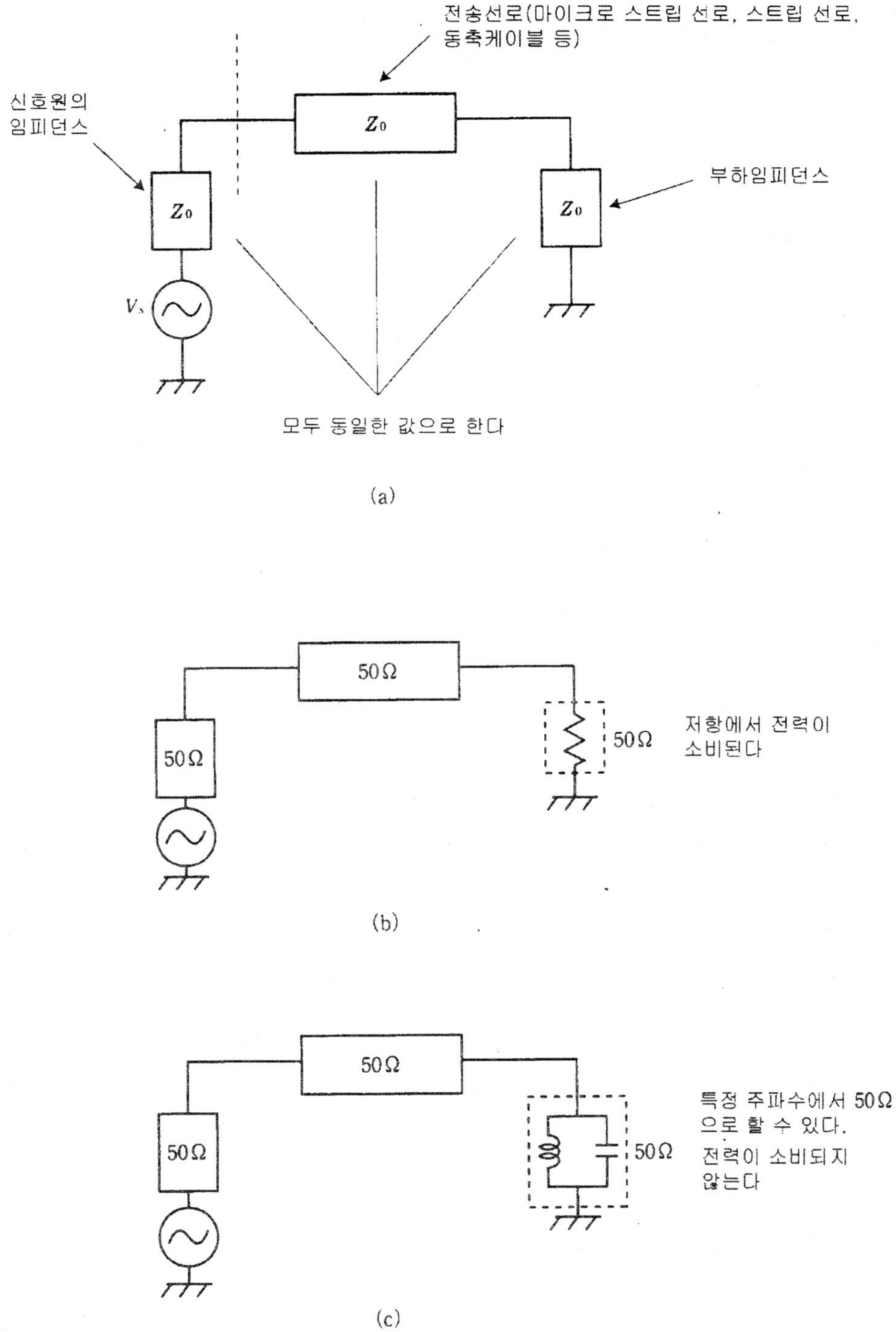

≪그림 5-4≫ 임피던스매칭 방법

5.3 반사파로 인한 여러 가지 문제

(1) 펄스 신호의 파형에 미치는 영향

그림 5-5에는 구형파 성분인 정현파의 1차, 3차 고조파가 나타나 있다. 이 3차 고조파가 전송선로를 통과해서 부하 Z_L(b점)에서 아래와 같은 변화가 일어났을 때 b점에서 구형파는 어떠한 영향을 받는지 알아본다.

① 위상이 변하지 않은 (a)와 (b)파형의 합은 (e)의 점선파형($V_1 + V_3$)인데, 3차 고조파의 크기는 유지하고 위상차가 90° 나면 그림 5-5의 (a)와 (c)의 파형이 더해져서 (e)의 실선파형($V_1 + V_3(90°)$)이 된다.

② 3차 고조파가 반사되어 크기가 2배가 되고 위상차가 90° 날 경우 그림 5-5의 (a)와 (d)의 파형이 더해져 (f : $V_1 + 2V_3(90°)$)가 되어 원래 파형과는 전혀 다른 모습의 파형이 됨을 알 수 있다.

또 그림 5-5 (g)는 실제로 자주 관측되는 파형을 나타내고 있는데 이 파형은 펄스의 상승과 하강에 포함되는 높은 주파수 성분의 정현파가 b점에서 반사되어 입력신호에 가산되어 나타나는 현상이다.

이와 같이 반사에 의해서 합성된 파형은 입력단 a점과 수신단 b점에서 크게 다르다. 이러한 관점에서 합성 파형을 보면 진폭이 커지거나, 파형의 모양이 크게 변화 하거나, 파형의 레벨이 변화하는 것도 있다. 파형의 진폭이 커지면 사용하는 IC로 규정이외의 신호 레벨이 인가되거나, 파형이 변형되면 IC의 스레시홀드 레벨(threshold level)에 의해 불필요한 신호가 발생되는 등 다양한 품질상의 문제가 발생한다.

(2) 반사에 의한 회로의 오동작

그림 5-6은 긴 전송선로(ex:긴 인쇄된 전송선로)를 전송한 펄스가 수신단에서 반사되어 입력단으로 되돌아가 입력파형과 합성된 모습을 보인다.

그림 5-6(a)에서 a점에서 1회만 송신한 펄스는 곧 IC에 입력된다. 그러나 이 송신된 펄스는 전송선로를 경유해 b점에 도달하고 b점이 개방되어있기 때문에 그대로 반사되어 a점으로 되돌아온다(점선). 본래 IC는 송신 펄스 만에 의해서 동작 하는 것이 원칙인데 여기서는 반사에 의해 되돌아온 펄스에 의해서도 동작된다(점선으로 그려져 있는 불필요한 펄스까지 발생).

그림 5-6(b)는 전송선로가 비교적 짧아 펄스가 상승하는 시간보다 펄스가 왕복해서 되돌아오는 시간이 긴 경우의 예를 보여주고 있다. 펄스가 연속해서 전송선로를 통해 b점에 도달하면 반사되어 a점으로 되돌아가 입력된 신호와 합성된다. 합성된 신호는 원래의 파형과 달리 펄스 폭이 넓어져 있다. 이 넓어진 펄스가 IC에 인가되면 본래 공급되어야할 펄스에 비해 펄스폭이 넓어지게 된다. 이러한 현상이 일어나면 펄스 타이밍과 펄스폭으로 부하를 동작시키는 경우 오동작이 일어날 가능성이 생긴다.

(3) 1회만 펄스 보내는 경우

그림 5-7은 전송선로의 a점에서 펄스를 1회만 보낸 경우는 b점에 도달한 입사 펄스는 소실된다(b점의 부하와 전송선로가 매칭이 된 경우에는 반사 없이 부하로 펄스가 그대로 전달된다). 그러나 b점이 개방되어 있으면 입사 펄스 전부가 그대로 반사되어 a점으로 전송된다. 이때 a점이 전송선로와 임피던스 매칭되어 있으면 여기서 파는 소멸된다. 그러나 임피던스 매칭이 되어 있지 않으면 a점을 향한 반사파는 없어지고 a 점에서 반사된 반사파가 b점을 향해 진행하게 된다. 만약 송·수신단 모두 전송선로의 손실이 없을 경우는 단발 펄스는 끊임없이 반사를 반복하게 된다. 통상 송신단의 내부 임피던스와 전송선로의 손실이 있기 때문에 반복되는 펄스는 점차로 감쇄해 간다. 그림 5-5(g)의 펄스에서 상승이 나타나는 것은 높은 주파수가 반사에 의해 전송선로에서 반복되는 현상 때문에 나타난다.

≪포인트≫

- 신호 반사에 의해 발생하는 현상은 신호의 파형에 악영향을 미친다.(파형품질의 저하)
- 파형 품질 저하에 따른 회로의 오동작이 발생할 가능성이 있다.
- 신호 반사에 의해 반사된 양은 전송되지 않는다.(전송손실이 된다)

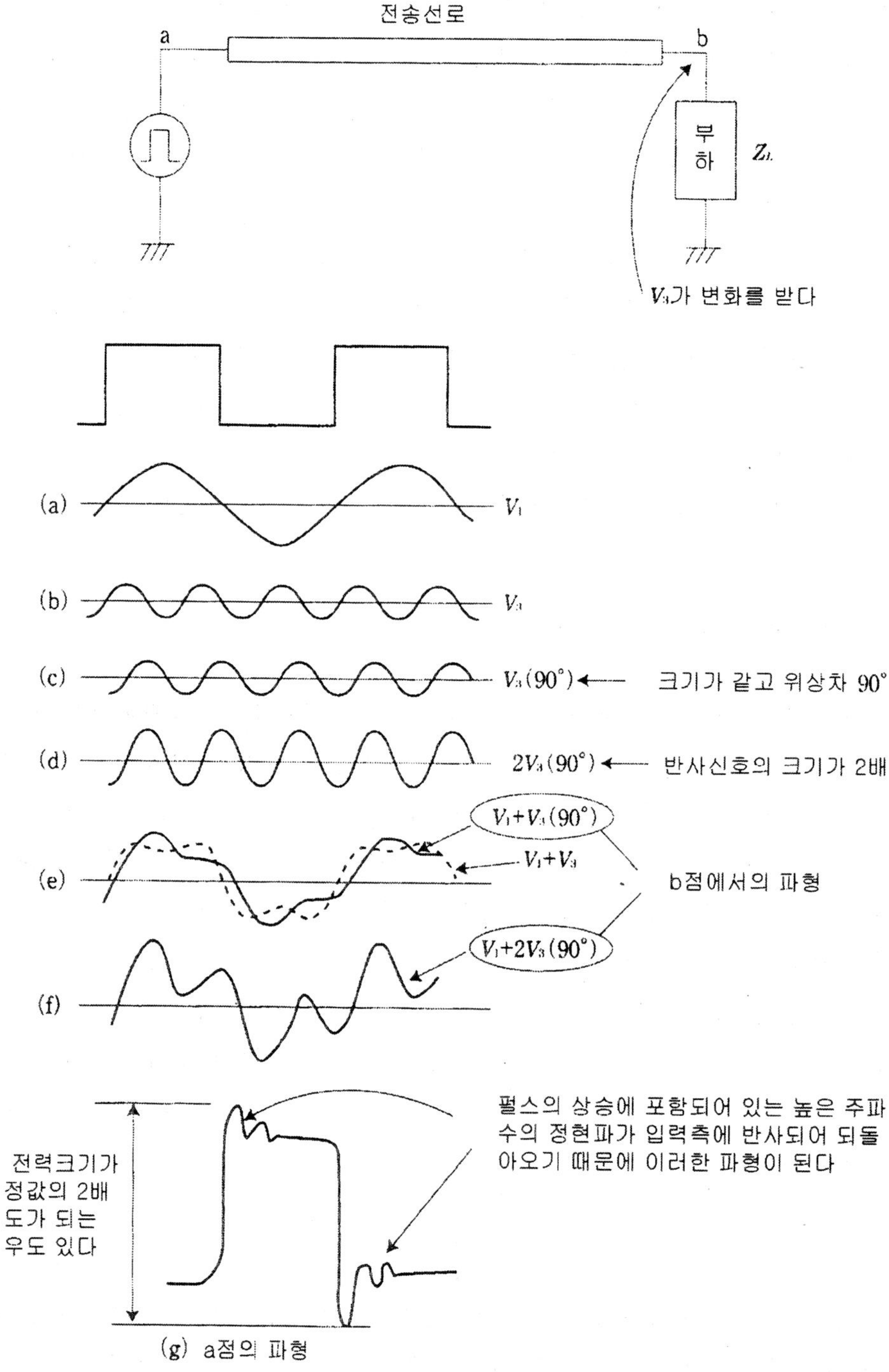

《그림 5-5》 임피던스 매칭이 일어났을 때의 파형

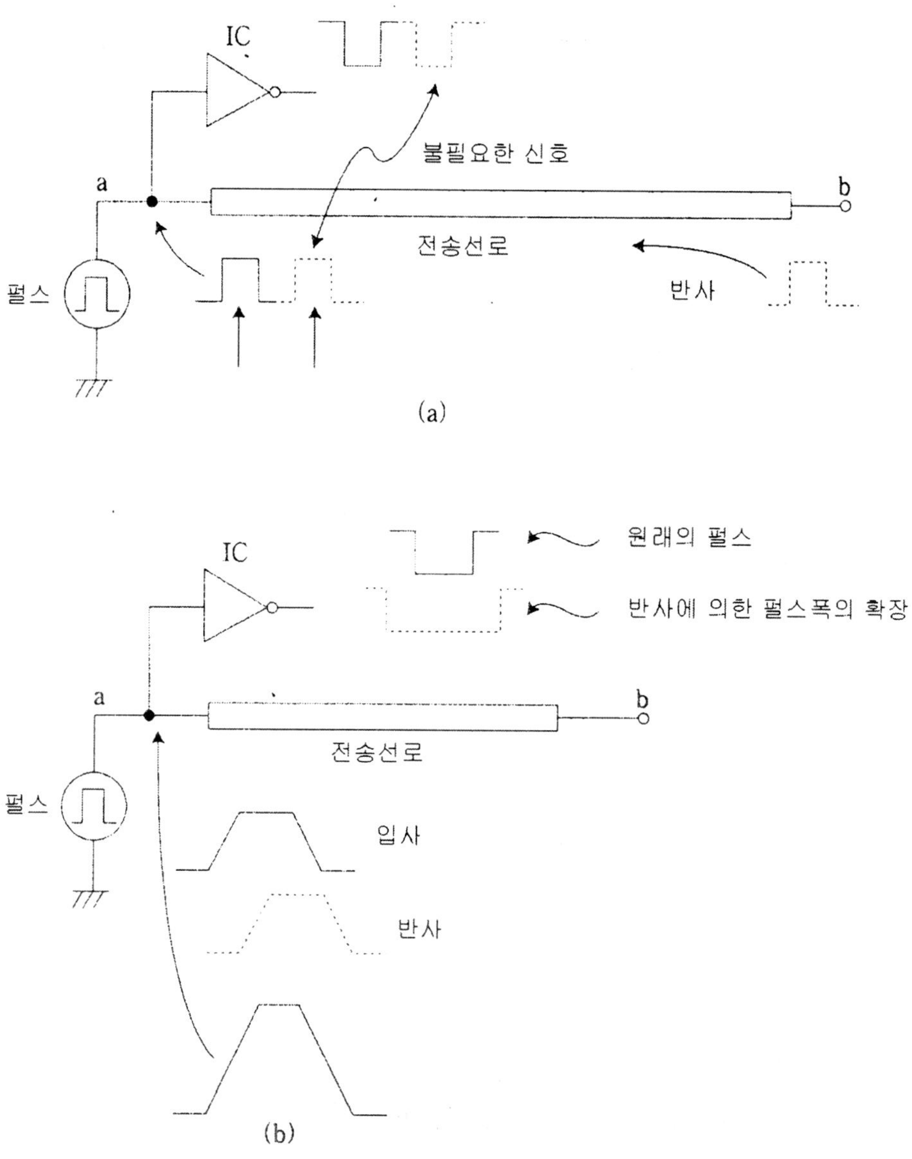

《그림 5-6》 임피던스 매칭에 의해 발생하는 현상

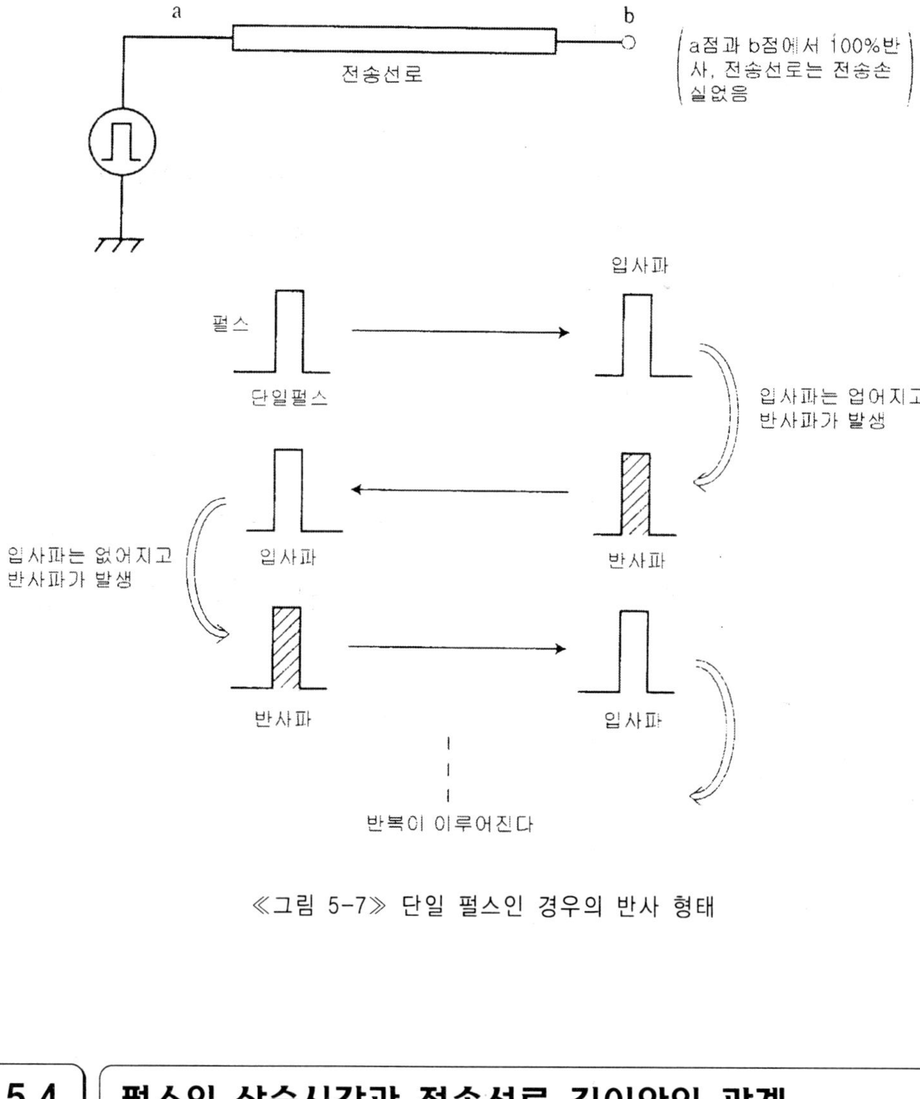

《그림 5-7》 단일 펄스인 경우의 반사 형태

5.4 펄스의 상승시간과 전송선로 길이와의 관계

그림 5-8은 송신단의 펄스신호 V_s가 전송선로의 특성임피던스 Z_0에 매칭되었을 때 펄스신호의 상승시간(펄스의 진폭이 10%에서 90%로 도달 할 때까지의 시간 t_r)에 비해 전송선로를 왕복하는 시간이 짧은 경우를 나타내고 있다. 이 경우 전송선로를 왕복하고 되돌아오는 펄스는 그림 5-8(3)처럼 입사된 펄스의 상승시간 t_r의 약 반 정도인 곳에 있다. a점에 입사되는 펄스와 전송선로를 왕복하고 a점으로 되돌아오는 펄스를 합성하

면 그림 5-8(4)가 된다. 이 파형은 입사된 신호와 크기가 균등하고 반사된 신호가 가산되었기 때문에 약 2배의 크기가 된다(펄스신호 V_s의 진폭과 같다). 펄스신호의 상승부근을 보면 약간 변화가 있지만 펄스신호 V_s는 커다란 영향을 받지 않는다. 반면 그림 5-9는 펄스신호의 상승시간에 비해 전송선로를 왕복하는 시간이 긴 경우를 나타낸다. 이 경우 전송회로를 왕복해서 송신단 a로 되돌아오는 반사신호는 그림 5-9(3)에 보이는 것처럼 펄스의 상승시간 보다 많이 지연되고 있다. 송신단 a에서 입사신호와 반사 신호가 합성된 신호는 그림 5-9(4)처럼 되어 최초에 입사되는 신호의 파형과는 모양이 크게 변화 되었다. 이 때문에 신호를 긴 케이블을 사용해 보내는 경우는 반사파에 의해 문제가 발생할 가능성이 있기 때문에 주의를 요한다.

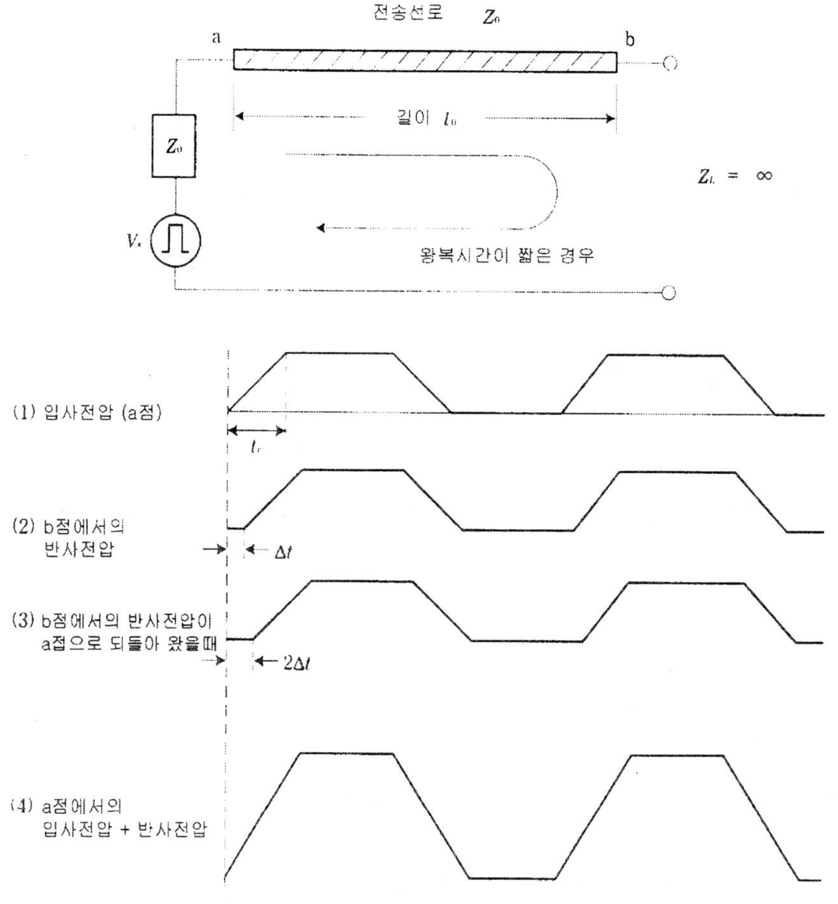

≪그림 5-8≫ 신호의 상승 시간에 비해 전송선로를 왕복하는 시간이 짧은 경우

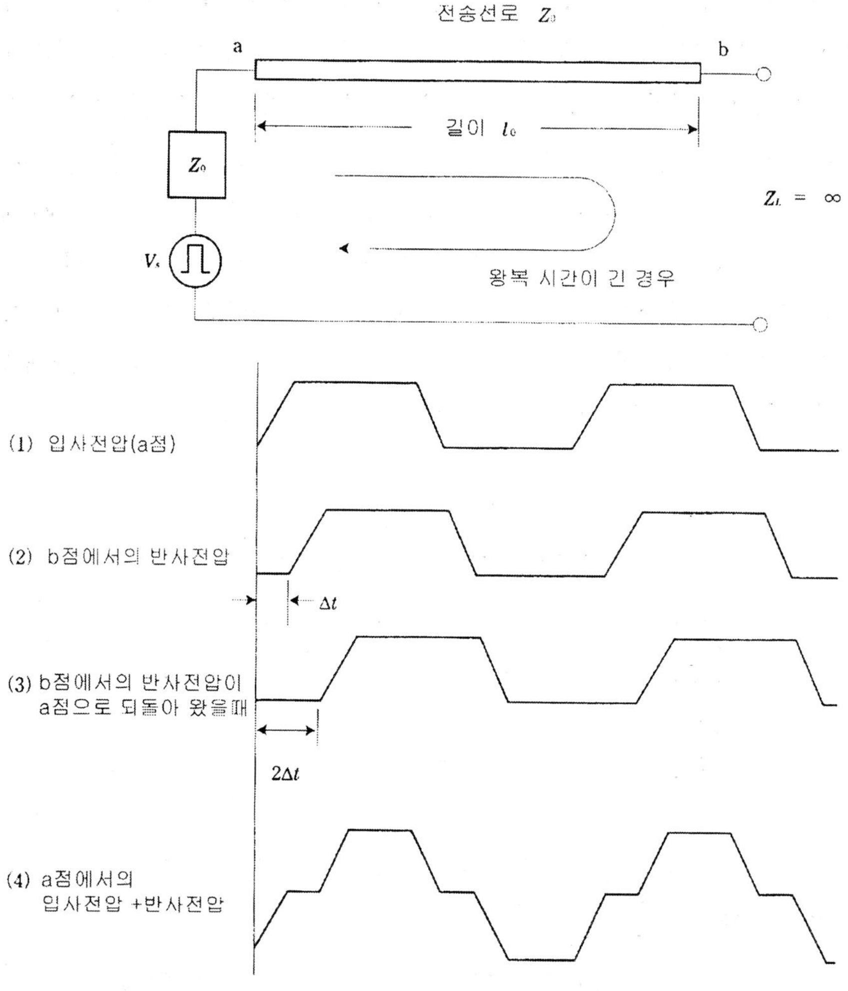

≪그림 5-9≫ 신호의 상승 시간에 비해 전송선로를 왕복하는 시간이 긴 경우

≪포인트≫

임피던스매칭이 되지 않고 반사파가 발생하면

- 펄스의 상승 시간에 비해 전송회로를 왕복하는 시간이 짧은 경우는 전송되는 펄스의 신호파형은 크게 변화하지 않는다.
- 펄스의 상승 시간에 비해 전송회로를 왕복하는 시간이 긴 경우는, 전송되는 펄스의 신호파형은 크게 변화한다.
- 전송선로에 사용하는 펄스의 상승 시간과 그 전송선로를 왕복하는데 필요한 시간을 고려해야만 한다.

5.5 마이크로스트립라인과 특성임피던스 Z_0

PCB에는 편면판, 양면판, 다층기판(4층기판, 6층기판, 8층기판 등)이 있어 많은 산업 분야에서 사용되고 있다. 현재 PCB는 고밀도 실장기술을 배경으로 사용하는 클럭의 고주파화, 도체 패턴의 세선화(細線化), 도체 패턴간격의 축소화가 진행되고 있다. 앞으로도 이런 경향일 것이다. 이러한 고주파화, 패턴의 극세화에 대해 인쇄된 전송선로에 대해 임피던스 매칭을 하기 위해서 인쇄된 전송선로의 특성임피던스를 알아야 할 필요가 있다.

(1) 인쇄된 전송선로의 특성임피던스 Z_0의 형성조건

신호라인(인쇄된 전송선로)의 특성임피던스 $Z_0(=\sqrt{\frac{Z}{Y}})$는 Y와 Z에 의해 결정된다. 접지면(接地面:ground plane)이 형성되어 있지 않은 경우는 전송회로의 $Y=G+j\omega C$를 결정할 수 없기 때문에 특성임피던스를 계산할 수 없다. 다음과 같이 신호에 대해 접지면이 형성되어 있는 그림 5-10(a)의 마이크로스트립라인과 그림 5-11(a)의 스트립라인에서는 신호라인(인쇄된 전송선로)의 특성임피던스 Z_0를 계산할 수 있다.

(2) 마이크로스트립라인의 특성임피던스 Z_0

그림 5-10(a)의 유리 에폭시 기판상의 인쇄된 전송선로를 마이크로스트립라인이라 부르고 특성임피던스 Z_0는 근사적으로 다음 식으로 나타낼 수 있다.

$$Z_0 \fallingdotseq \frac{89}{\sqrt{\epsilon_r+1.41}} ln\left(\frac{5.98h}{0.8\omega+t}\right)$$

위 식으로부터 인쇄된 전송선로의 두께 t를 18μm로 하고 PCB의 두께 h를 1.5mm, 1.0mm로 했을 때 인쇄된 전송선로 폭 ω[mm]에 대한 인쇄된 전송선로의 특성임피던스

Z_0 [Ω]를 계산한 것을 그래프로 나타내면 그림 5-10(b)와 같이 된다. 이 식의 특징은 특성임피던스가 PCB의 두께 h와 인쇄된 전송선로의 폭 ω에 의해 크게 변화하는 것을 보여주고 있다.

예 특성임피던스의 계산

인쇄된 전송선로의 비유전율 $\epsilon_r = 4.8$, 인쇄된 전송선로의 두께 $t = 18\mu m$, PCB의 두께 $h = 1.0mm$로 했을 때 인쇄된 전송선로의 폭 ω가 $0.3mm$ $(300\mu m)$일 때의 특성임피던스 Z_0는 약 112Ω이 된다. ▩

(3) 스트립라인의 특성임피던스 Z_0

그림 5-11(a)처럼 유리에폭시 기판 내에 신호 패턴이 내층되어 있는 인쇄된 전송선로를 스트립라인이라 부르고 그 특성임피던스 Z_0는 근사적으로 다음 식으로 나타낼 수 있다.

$$Z_0 \fallingdotseq \frac{60}{\sqrt{\epsilon_r}} ln\left(\frac{4h}{0.67\pi(0.8\omega + t)}\right)$$

이 식에서, 프린터 패턴의 두께 t를 $18\mu m$로 하고 PCB의 두께 h를 1.5mm, 1.0mm, 0.5mm로 변경했을 때 인쇄된 전송선로 폭 ω [mm]에 대한 스트립라인의 특성임피던스 Z_0 [Ω]의 계산치를 그래프로 나타내면 그림 5-11(b)와 같이 된다.

예 주기의 계산스트립라인의 특성임피던스 계산

인쇄된 전송선로의 두께 $t = 18\mu m$, PCB의 두께 $h = 1.0mm$로 했을 때, 인쇄된 전송선로의 폭 ω가 $0.3mm$ $(300\mu m)$일 때의 스트립라인의 특성임피던스 Z_0는 약 37Ω이 된다. 그림 5-10(b)에 보이는 마이크로스트립라인의 특성임피던스가 약 117Ω인 것에 비해 꽤 낮아짐을 알 수 있다. ▩

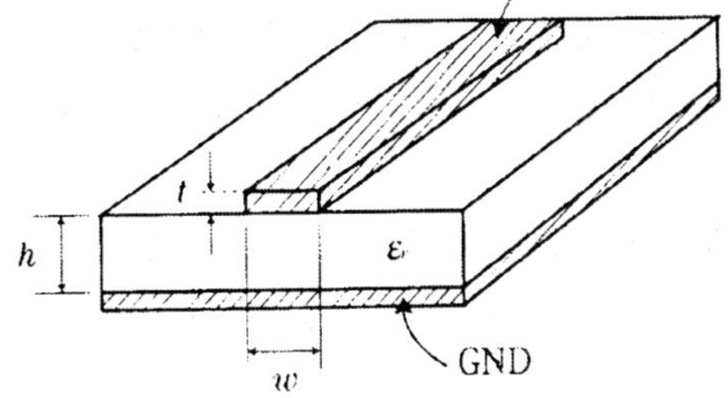

(a) 마이크로스트립라인

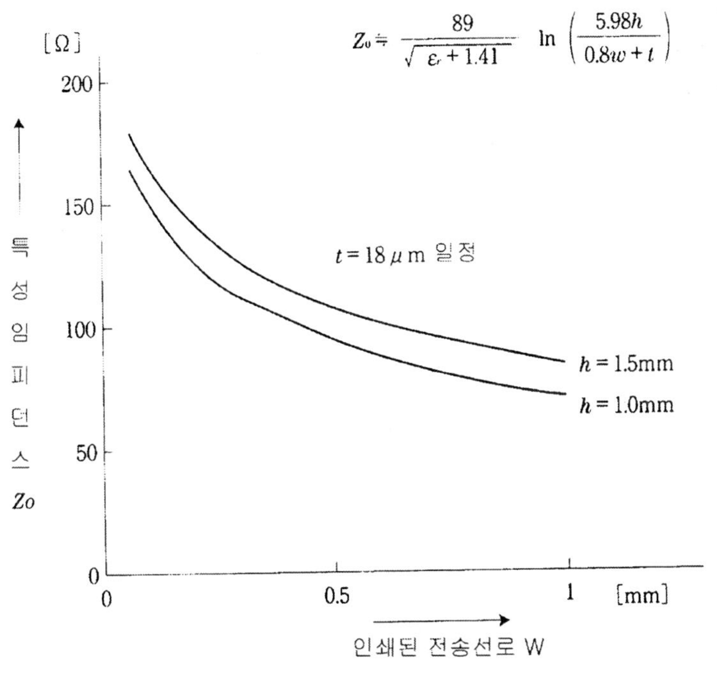

(b) 마이크로스트립 라인의 특성 임피던스(계산값)

≪그림 5-10≫ 마이크로스트립라인과 특성 임피던스(계산값)

≪포인트≫

- 스트립라인의 특성임피던스는 마이크로스트립라인의 특성임피던스의 약 반정도가 된다.
- 고밀도 실장화로 진행되면서 신호의 패턴 폭이 좁아지면서 특성임피던스가 줄어들고 인덕턴스 L은 반대로 커진다.
- PCB의 두께 h, 인쇄된 전송선로의 두께 t를 일정하게하면 인쇄된 전송선로 폭 ω가 작을수록 마이크로스트립라인 및 스트립라인의 특성임피던스 Z_0는 커진다.(그림 5-10(b), 그림 5-11(b))
- PCB의 두께 h를 일정하게 하면 인쇄된 전송선로의 두께 t가 작은 쪽의 특성임피던스 Z_0는 커진다.
- 인쇄된 전송선로의 두께 t를 일정하게 한 경우는 PCB의 두께 h가 작을수록 특성임피던스 Z_0는 작아진다.

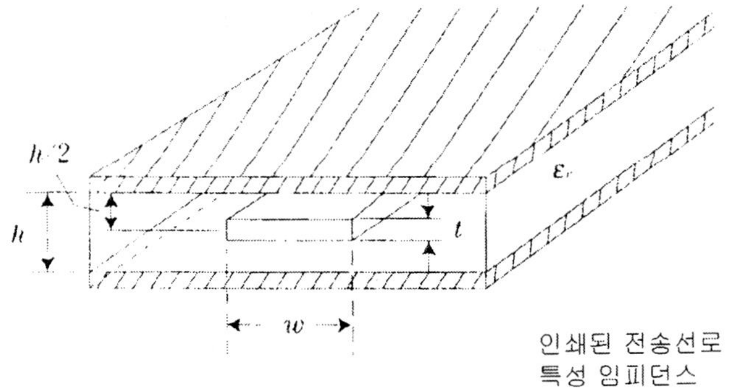

(a) 스트립라인

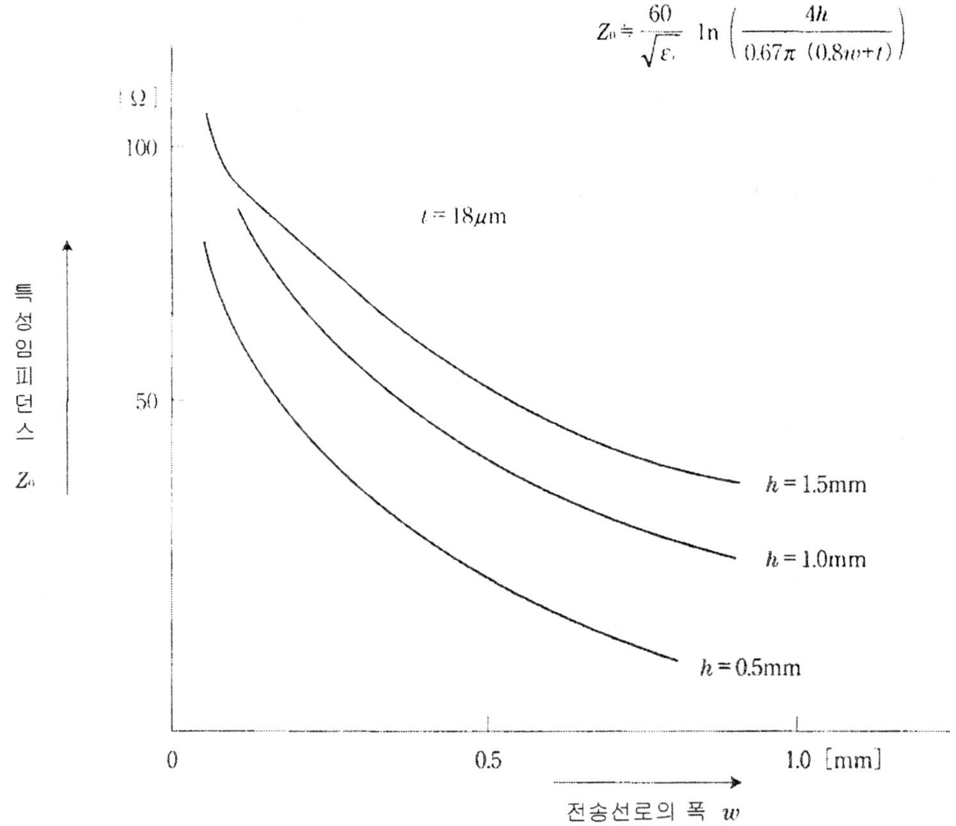

(b) 스트립 라인의 특성 임피던스(계산값)

≪그림 5-11≫ 스트립라인과 특성임피던스

5.6 동축케이블의 특성임피던스와 임피던스 매칭 방법

(1) 인쇄된 전송선로의 임피던스 매칭법

그림 5-10(b), 그림 5-11(b)에서 패턴 폭 ω가 $0.3 \sim 0.5mm$, PCB의 두께 h를 $1mm$로 한 경우는 인쇄된 전송선로의 특성임피던스 Z_0가 거의 35Ω에서 55Ω 정도가 될 것으로 생각할 수 있다. 따라서 인쇄된 전송선로와 임피던스매칭을 그림 5-12와 같이 신호원의 내부저항 R_i를 특성임피던스 Z_0에 맞추고 부하 임피던스 Z_L를 Z_0에 맞추면 된다.

(2) 동축케이블의 특성 임피던스 결정

동축케이블은 정도의 차는 있으나 고주파 신호의 전송에 매우 적합하다. 동축케이블은 고주파에 대해서 전송 손실이 적고 비교적 높은 주파수($5GHz$)까지 특성임피던스의 변화가 적다(VSWR과 반사계수가 작다). 여기서는 동축케이블의 특성임피던스 Z_0가 무엇에 의해 정해지는가를 생각해 보겠다. 동축케이블은 그림 5-13에 보이는 구조로 되어 있다. 내경(內境:inner diameter) d의 중심도체와 그것을 덮는 폴리에틸렌 등의 절연물, 이 절연물을 피복하고 있는 외경(外境: outer daimeter) D의 외부도체(금속으로 편조(編造)되어 있다)와 그 외부도체를 피복하고 있는 외피로 구성되어 있다. 이 동축케이블의 특성임피던스 Z_0 $[\Omega]$는 내부도체의 내경을 d로 하고 외부도체의 외경을 D, 절연물의 비유전율을 ϵ_r이라 하면 다음 식으로 구할 수 있다.

$$Z_0 = \frac{138}{\sqrt{\epsilon_r}} log\left(\frac{D}{d}\right) \ [\Omega]$$

이 식에 의해서 동축케이블의 특성임피던스 Z_0를 절연물로 공기 $\epsilon_r = 1$, 폴리에틸렌 $\epsilon_r = 2.3$, 염화비닐(PVC) $\epsilon_r = 5$의 경우에 대해 계산해보면 그림 5-14가 된다. 이 그림에서 특성임피던스가 50Ω과 75Ω을 비교하면 75Ω쪽이 굵은 동축케이블이 됨을 알 수 있다. 또 폴리에틸렌은 특성임피던스가 50Ω으로 되는 것은 D/d가 약 3.5일 경우이다.

(3) 동축케이블의 임피던스매칭 법

그림 5-15는 특성임피던스 50Ω의 동축케이블을 임피던스매칭시켜 사용하는 방법을 나타내고 있다. 신호원 P_i와 신호원의 출력 임피던스 Z_i를 동축케이블의 특성임피던스 Z_0와 같은 값으로 함으로써 신호원측에서의 반사를 제거한다. 또한 수신단의 부하 임피던스 Z_L도 동축케이블의 특성 임피던스 Z_0와 같은 값으로 함으로써 수신단에서의 반사를 제거한다. 이렇게 함으로써 입력신호 P_i의 전력을 최대효율로 수신측의 부하에 공급할 수 있다.

≪포인트≫

- 동축케이블의 특성임피던스는 절연물의 비유전율 ϵ_r에 반비례한다.
- 동축케이블의 특성임피던스는 외경 D와 내경 d의 비 D/d에 비례한다.
- 동축케이블은 그림 5-15(b)에서처럼 중심 도체로부터 외부도체로 향하는 전계가 차폐(遮蔽)되는 구조로 되어 있어 고주파 신호의 전송에 적합하다.

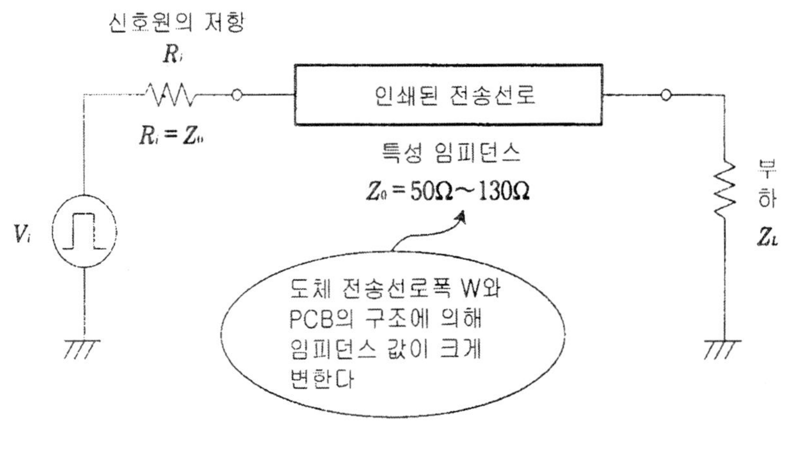

≪그림 5-12≫ 인쇄된 전송선로와 임피던스매칭을 취한다

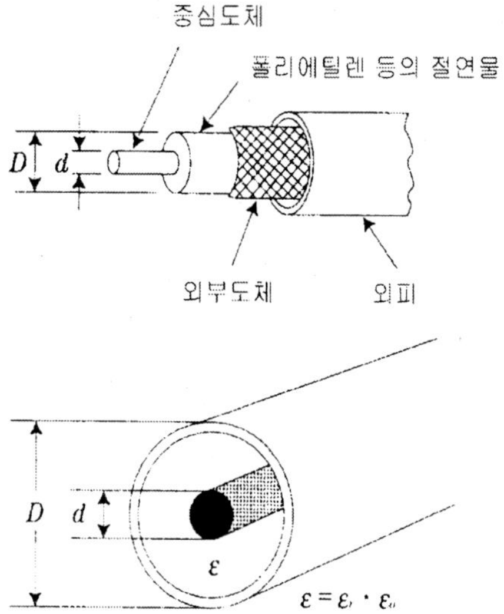

특성임피던스 Z_0

$$Z_0 = \frac{138}{\sqrt{\varepsilon_r}} \log\left(\frac{D}{d}\right) [\Omega]$$

$$= \frac{60}{\sqrt{\varepsilon_r}} \ln\left(\frac{D}{d}\right) [\Omega]$$

d : 내부도체의 지름
D : 외부도체의 지름
ε_r : 비유전율

≪그림 5-13≫ 동축케이블의 특성임피던스 Z_0

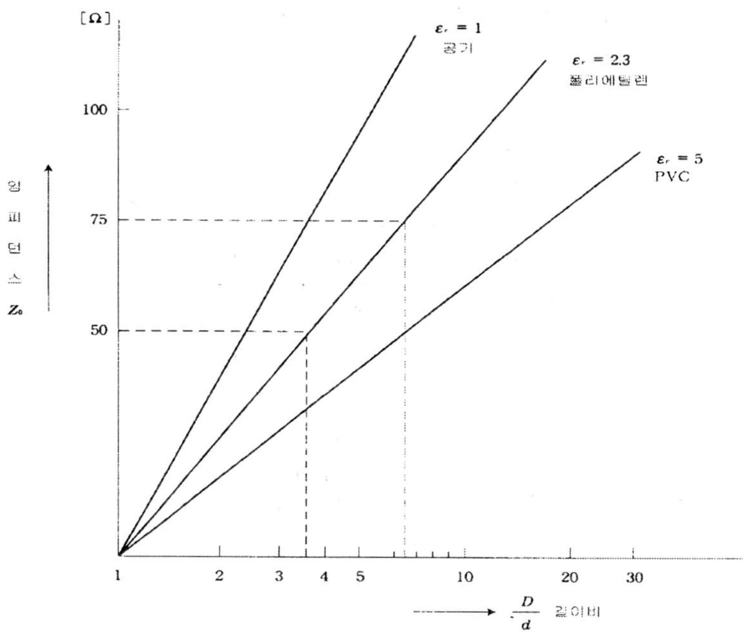

≪그림 5-14≫ 동축케이블의 특성 임피던스 Z_0(계산값)

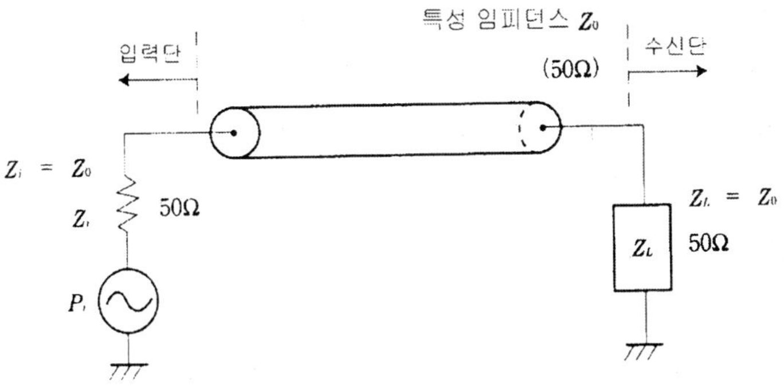

(a) 동축 케이블의 특성 임피던스에 매칭시킨다

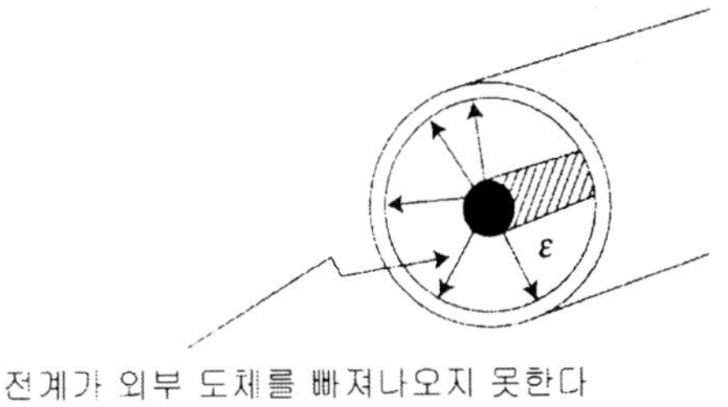

(b) 동축 케이블에서 전계의 특성

≪그림 5-15≫ 동축케이블에 의한 전송

5.7 차동 전송방식

(1) 차동 전송방식이란

디지털회로가 고속이 되어 클럭 주파수가 높아지면 인쇄된 전송선로에 의한 신호전송과 케이블에 의한 신호전송에 차동 전송방식이 사용된다. 차동전송방식이란 송신단에서는 2개의 신호 선에 극성이 다른 신호(한 쪽을 + 로 하면 다른 한쪽은 -신호 : 상호위상차가 180°)를 보내고 수신단에서는 이 2개의 극성이 다른 신호를 차동증폭기로 받는 방식이다.

PCB으로 고속신호를 전송할 경우는 그림 5-16(a), (b)에 보이는 신호의 송·수신단 양쪽에서 임피던스매칭을 하는 방법으로는 수신측에서 신호레벨이 반으로 감쇄되어 다음 IC를 동작시킬 수 없게 된다. 이러한 결점을 보완하기 위해서 그림 5-17에 보이는 차동전송방식이 효과적이다.

이미 IEEE1394와 USB인터페이스는 그림 5-18에 보이는 차동전송방식이 사용되고 있다. 차동전송방식은 진폭 레벨이 낮은 신호의 전송에 적합할 뿐 아니라, 2개의 전송선로 사이에서는 그림 5-17에 보이는 것처럼 서로 극성이 다른 신호를 사용하기 때문에 전송회로에 발생하는 자계가 상쇄되어 PCB에서 외부로 신호가 발생되기 어렵게 만들어 준다. 2개의 전송선로가 균형을 이루고 있기 때문에 이상적으로는 공통형 잡음(Common Mode Noise: CMN란 한 방향으로 흐르는 잡음전류를 말한다)이 발생하기 어렵고 또 외부로부터 이 2개의 전송선로에 겹쳐진 공통형 잡음(각각의 전송회로가 똑같이 만들어져 있기 때문에 외부로부터의 잡음은 같은 크기와 위상으로 중첩된다)은 수신측의 차동증폭기에 의해 제거 된다는 이점이 있다.
그러나 차동전송방식에서도 다음과 같은 경우에는 전송 특성에 문제가 발생한다.

- 2가지의 차동전송선로의 특성임피던스에 차이가 생기면 평형이 깨진다.
- 극성이 다른 신호에 대한 IC특성에 차이가 있을 때(IC성능의 차)
  (예를 들면, IC의 상승, 하강 특성, 진폭의 차, 듀티비에 차이가 생긴다)

≪포인트≫

차동전송방식의 유리한 점
- 외부에 발생하는 노이즈가 적다.
- 외부로부터의 공통형 잡음에 대해 강하다

불리한 점
- 전송선로의 특성임피던스에 차이가 나면 균형이 깨진다.
- 차동전송에 사용하는 IC의 상승과 하강의 특성 차
- 차동신호의 진폭차이
- 차동신호의 듀티비의 차이 등

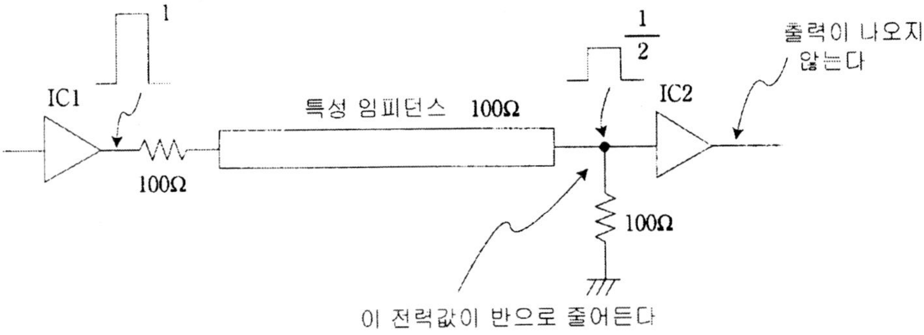

(a) PCB를 이용하여 임피던스 매칭을 해서 신호를 전송시킨다

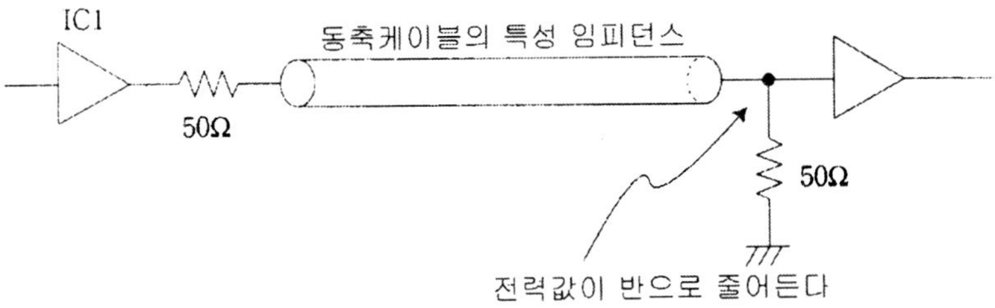

(b) 동축케이블로 임피던스 매칭시켜 신호를 전송시킨다

≪그림 5-16≫ 송·수신단 모두 저항으로 임피던스 매칭을 한다

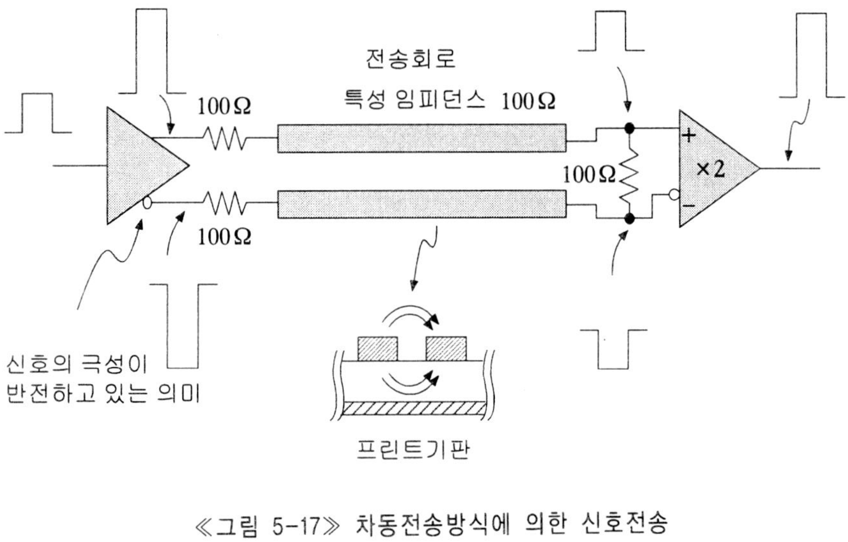

≪그림 5-17≫ 차동전송방식에 의한 신호전송

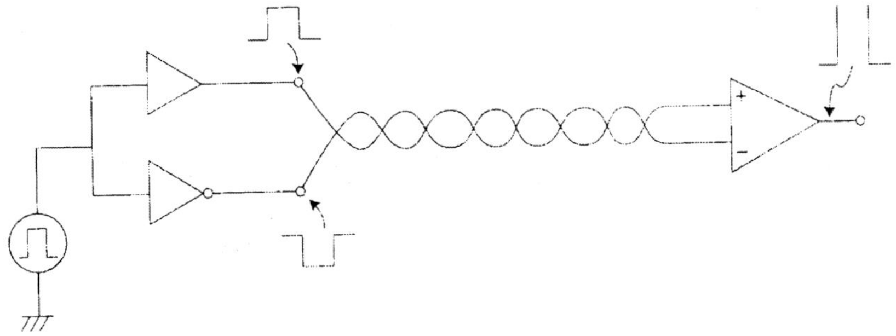

≪그림 5-18≫ 트위스트 페어 케이블에 의한 차동전송회로

6

스미스차트의 사용법

스미스차트의 구성 원리를 이해하고 측정회로의 임피던스를 차트상에 표기하여 반사계수를 읽는 법과, 반대로 반사계수를 통해서 측정회로의 임피던스를 차트로부터 읽는 방법을 알아본다.
또한 선로의 특성 임피던스(50Ω)와 결합될 때 스미스차트상에서 필요한 저항, 인덕터, 콘덴서의 값을 쉽게 구하는 방법도 알아본다.

6.1 스미스차트란

(1) 반사계수와 임피던스의 관계를 그래프로 표현

스미스차트란, 반사계수 ρ와 부하임피던스 Z_L의 관계를 그래프로 나타낸 것이다. 반사계수와 부하임피던스는 일반적으로 복소수이기 때문에 계산이 복잡해진다. 그림 6-1과 같이 전송선로(ex:인쇄된 전송선로)에 접속된 IC를 예로 들면 IC의 입력단에 L과 C가 연결돼있다. 이때 전송선로에 접속된 IC의 부하임피던스 Z_L은 L과 C가 직렬로 결합돼있기 때문에 $Z_L = j\omega L + \dfrac{1}{j\omega C}$ 이 된다. 이때 반사계수 ρ를 구하면 다음과 같다.

$$\rho = \frac{Z_L - Z_0}{Z_L + Z_0} = \frac{-Z_0 + j\omega L + \dfrac{1}{j\omega C}}{Z_0 + j\omega L + \dfrac{1}{j\omega C}} = \frac{1 - \omega^2 CL - j\omega CZ_0}{1 - \omega^2 CL + j\omega CZ_0} = \Gamma e^{j\phi}$$

반사계수는 크기 Γ와 위상 ϕ를 갖는 복소수가 되기 때문에 반사계수를 구하는 것이 매우 복잡해진다.

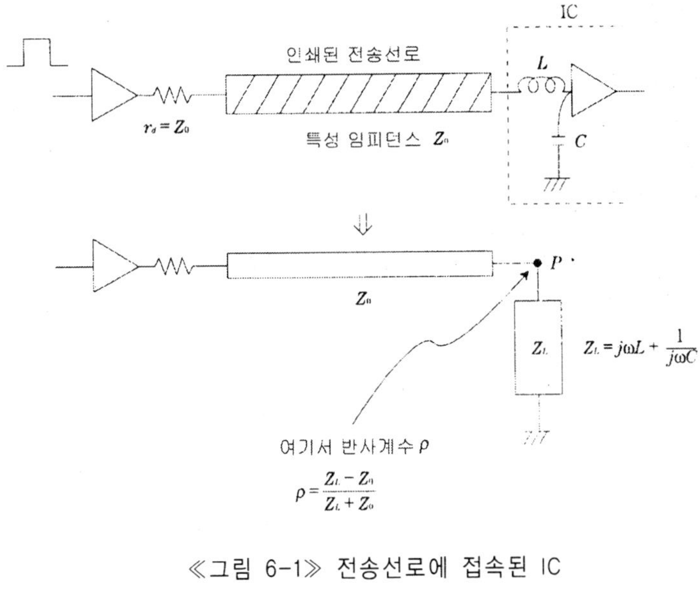

≪그림 6-1≫ 전송선로에 접속된 IC

(2) 스미스차트로부터 반사계수와 임피던스 구하기

스미스차트 위에 부하임피던스 Z_L을 표시하면 챠트로부터 간단하게 반사계수 ρ(크기 Γ, 위상 ϕ)를 알아낼 수 있다. 반대로 반사계수가 구해지면 부하임피던스 Z_L을 챠트로부터 직접 구할 수 있다. 부하임피던스 Z_L에 대해서 회로를 추가하면 목표로 하는 지점으로 임피던스의 이동을 차트에서 추적(ex: 50Ω 임피던스매칭)할 수 있다(그림 6-2). 이와 같이 스미스차트는 복잡한 계산을 할 필요 없이 반사계수 ρ와 부하임피던스 Z_L 등을 시각적으로 구할 수 있는 도구이다. 사용법은 6.3절 이후에서 다룬다.

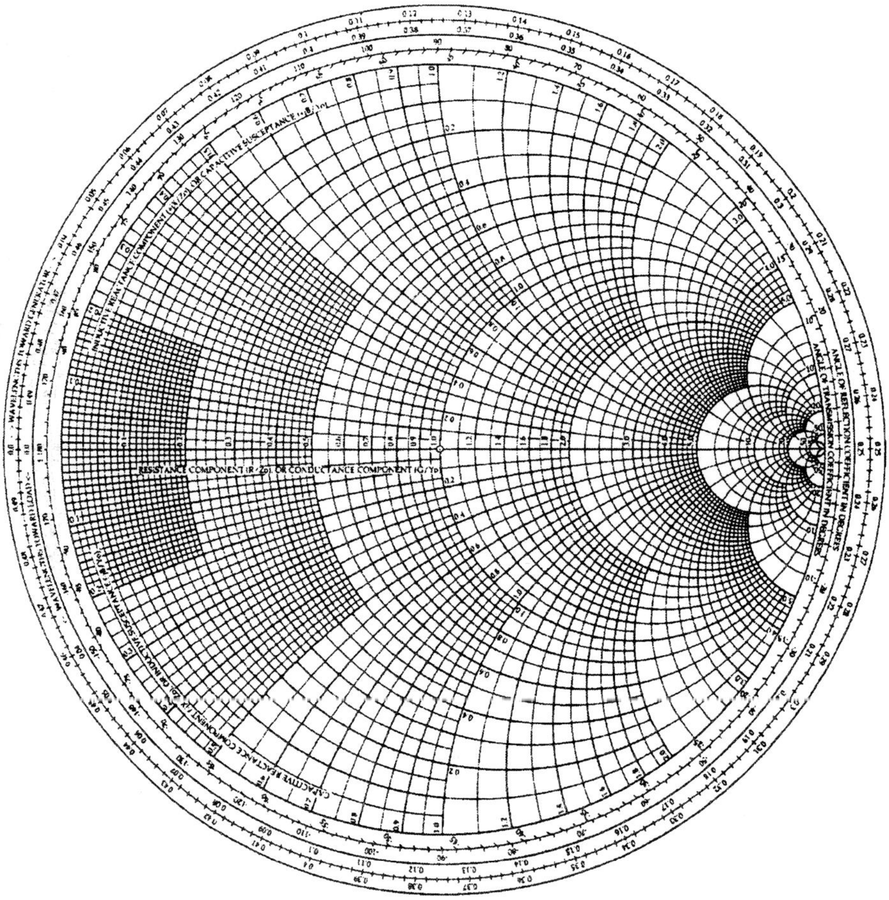

《그림 6-2》 스미스 차트

6.2 스미스차트 작성법

(1) 반사계수 ρ와 임피던스 Z_L을 연관시킨다.

고주파영역에서 임피던스 측정은 일반적으로 반사계수 ρ를 측정해서 구한다. 여기서는 PCB상을 전송하는 신호전압에 대해 고려하면 이미 언급했듯이 반사계수 ρ는 입사전압 V_1에 대한 반사전압 V_2의 비이므로 다음과 같이 나타낼 수 있다.

$$\rho = \frac{V_2}{V_1} = \frac{Z_L - Z_0}{Z_L + Z_0}$$

이 식으로부터 부하임피던스 Z_L을 계산하면 다음과 같다.

$$Z_L = Z_0 \cdot \frac{1+\rho}{1-\rho}$$

부하임피던스 Z_L을 Z_0로 정규화($z_L = \frac{Z_L}{Z_0}$)하면(고주파에서는 일반적으로 $Z_0 = 50\Omega$) 정규화된 부하임피던스 z_L은

$$z_L = \frac{1+\rho}{1-\rho} \tag{6.1}$$

이다. 일반적으로 정규화된 부하임피던스 z_L과 반사계수 ρ는 복소수이기 때문에 다음과 같이 표현된다.

$$z_L = r + jx \ (r\text{은 저항, } x\text{는 리액턴스}),$$
$$\rho = u + jv \ (u\text{는 } \rho\text{의 실수부, } v\text{는 } \rho\text{의 허수부}) \tag{6.2}$$

임피던스와 반사계수의 관계를 구하기 위해서 식 (6.1)에 식 (6.2)를 대입해서 정리하면

$$r+jx=\frac{1+(u+jv)}{1-(u+jv)}=\frac{1+u+jv}{1-u-jv}=\frac{1-u^2-v^2+j2v}{(1-u)^2+v^2}$$

$$=\frac{1-u^2-v^2}{(1-u)^2+v^2}+\frac{2jv}{(1-u)^2+v^2}$$

$$(r+1)+jx=\frac{2(1-u)}{(1-u)^2+v^2}+\frac{2jv}{(1-u)^2+v^2}$$

이고 위 식에서 계수비교를 통하여 좌변과 우변의 실수부가 같다고 두고 정리하면

$$(r+1)=2(1-u)/[(1-u)^2+v^2]$$

이다. 반사계수 u, v와 저항성분 r과의 관계를 구하면 다음과 같다.

$$(u-\frac{r}{r+1})^2+v^2=(\frac{1}{r+1})^2 \tag{6.3}$$

이 식은 반사계수 ρ에 관한 u, v축을 기준으로 하고, 정규화된 부하임피던스 z_L의 실수부인 r과의 관계를 나타내고 있다. (6.3)식은 중심좌표가 $(\frac{r}{r+1}, 0)$이고, 반경이 $\frac{1}{r+1}$인 원을 나타내고 있다.

허수부도 같은 방법으로 정리하면, 반사계수 u, v와 부하임피던스 z_L의 리액턴스성분 x와의 관계를 구하면 다음과 같다.

$$(u-1)^2+(v-\frac{1}{x})^2=(\frac{1}{x})^2 \tag{6.4}$$

이 식은 반사계수 ρ에 관한 u, v축을 기준으로 하고, 부하임피던스 z_L의 허수부인 리액턴스 x와의 관계를 나타내고 있다. 즉 중심의 좌표가 $(1, \frac{1}{x})$이고, 반경이 $\frac{1}{x}$인 원을 나타내고 있다.

식 (6.3)과 식 (6.4)에서 u, v축을 중심으로 하고 부하임피던스의 r과 x를 변화시켜 그래프를 그리면 그림 6-3과 같이 된다. r과 x를 세분화하면, 그림 6-2에 나타난 스미스차트가 된다.

≪포인트≫

- 부하임피던스를 알면, u, v축으로부터 반사의 크기와 위상을 구할 수 있다.
- v축의 1,2사분면[$+j$, 리액턴스 (+)]은 유도성을(인덕턴스성분 : $j\omega L = jx$) 나타내고, 3,4사분면[$-j$, 리액턴스가 (-)]은 용량성(콘덴서성분 : $1/j\omega C = -jx$)을 나타낸다.

6.3 스미스차트 사용법

그림 6−3의 스미스차트 상에 그려진 A점은, $r=1$인 저항원과 $x=2$인 리액턴스 원이 교차하고 있다. A점의 정규화된 부하 임피던스 z_L은 $z_L = r + jx = 1 + j2$가 된다. 여기서 z_L는 50Ω으로 정규화 되어 있기 때문에 정규화되기 전의 부하 임피던스는 $Z_0 = 50 + j100$이 된다. 한편 반사계수는 u, v좌표에 의해 표시되기 때문에 A점과 u, v 좌표의 원점 O에서의 거리가 반사계수의 크기 Γ가 되고 u축과 이루는 각도가 위상 ϕ를 나타내게 된다. 그러므로 스미스차트를 이용하면 반사계수 $\rho(\Gamma e^{j\phi})$로부터 부하임피던스 Z_L을 구할 수 있고, 반대로 부하임피던스 Z_L을 알면 반사계수 ρ를 구할 수 있다.

(1) 반사계수 $\rho(\Gamma e^{j\phi})$로부터 부하임피던스 Z_L 구하기

(i) 수식을 이용하여 Z_L을 구하는 법

부하 반사계수 ρ의 크기가 0.7이고 위상각이 45도라면,

$$\rho = \Gamma e^{j\phi} = 0.7e^{j\frac{\pi}{4}} = 0.7(\cos\frac{\pi}{4} + jsin\frac{\pi}{4}) \Im E 0.5 + j0.5$$

로 나타낼 수 있다. 전송선로의 특성임피던스 Z_0를 50Ω이라 하면 구하는 부하임피던스 Z_L은 다음과 같이 계산할 수 있다.

$$Z_L = Z_0 \cdot \frac{1+\rho}{1-\rho} = 50 \cdot \frac{1.5+0.5j}{0.5-0.5j} = 50(1+2j)$$
$$= 50 + j100 \ [\Omega]$$

(ii) 스미스차트를 이용하여 Z_L을 구하는 법

그림 6-4의 스미스차트상에서 반사계수 $\rho = 0.7e^{j\frac{\pi}{4}}$($u$, v 축상반경 0.7, 위상 $\phi = \frac{\pi}{4}$)를 표시하면 A점이 된다.

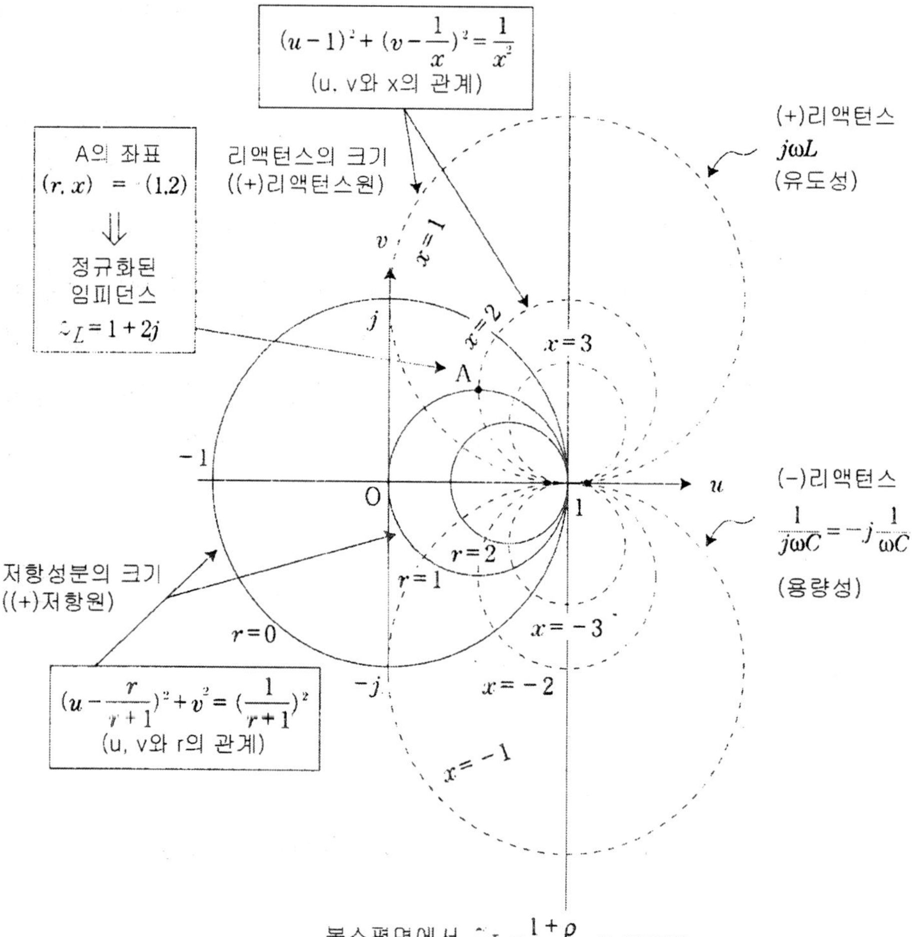

복소평면에서 $z_L = \frac{1+\rho}{1-\rho}$ 의 그래프

≪그림 6-3≫ 반사계수 p와 부하임피던스 z_L과의 관계

이 A점이 정규화 된 부하임피던스 $z_L(=r+jx)$를 나타내는 곡선과의 교차점을 읽으면 r에 관한 원(z_L의 실수부)에서는 $r=1$과 교차하고, x에 관한 원(z_L의 허수부)에서는 $x=2$과 교차한다. 이 교차점의 값을 읽으면 $r=1$, $x=2$가 된다. 이것으로부터 정규화 된 부하임피던스

$$z_L=r+jx=1+2j$$

로 나타낼 수 있다. 스미스차트에서 정규화된 부하 임피던스 z_L은 50Ω으로 정규화되어 있기 때문에 이 값에 50Ω을 곱하면

$$Z_L=(1+2j)\times 50=50+100j\ [\Omega]$$

로 되어 계산치와 일치함을 알 수 있다.

이와 같이 반사계수 ρ를 알면 복잡한 계산을 하지 않아도 스미스차트로부터 간단히 부하임피던스 Z_L을 알아낼 수 있다.

(2) 부하임피던스 Z_L로부터 반사계수 ρ 구하기

(i) 수식을 이용하여 반사계수 ρ 구하는 법

부하임피던스를 $Z_L=25+j25\ [\Omega]$ 전송선로의 특성임피던스 $Z_0=50\Omega$이라 하면 반사계수는 $\rho=\dfrac{Z_L-Z_0}{Z_L+Z_0}=\dfrac{-25+j25}{75+j25}$이 된다. 이것으로부터 반사계수 ρ를 계산하면

$$\rho=u+jv=\frac{-1+j}{3+j}=-\frac{1}{5}+j\frac{2}{5}=-0.2+j0.4$$

이 된다.

이것에 의해 $u=-0.2$, $v=0.4$이므로 반사계수의 크기 $\Gamma=\sqrt{0.2^2+0.4^2}\,\Im E\ \ 0.45$이고 반사 위상각 $\phi=116.5^\circ$ 임을 알 수 있다.

(ii) 스미스차트를 사용해서 반사계수 ρ 구하는 법

그림 6-5의 부하임피던스 $Z_L = 25 + j25$ [Ω]을 50Ω으로 정규화 하면 $z_L = 0.5 + j0.5$가 된다. 즉 $r = 0.5$, $x = 0.5$이기 때문에 $r = 0.5$의 곡선과$x = 0.5$의 곡선이 교차된 B점의 위치가 정규화된 부하임피던스 z_L을 나타내고 있다.

점 B의 u, v좌표의 값을 읽으면 $u = -0.2$, $v = 0.4$가 된다.

반사계수의 크기 Γ는 OB의 길이가 되고, OB가 u축과 이루는 각도 ϕ가 반사계수의 위상각을 나타낸다. 이들 값을 읽으면 반사의 크기는 ΓℑE0.45, 위상각은 ϕℑE117이 되어 계산치와 일치함을 알 수 있다. 이와 같이 부하임피던스 Z_L을 알면 반사계수 ρ를 간단히 챠트로부터 알아낼 수 있다.

≪포인트≫

- 그림 6-4의 A점에는 4개의 특성값들이 동시에 표시되어 있다.
  (반사계수 ρ의 벡터크기 Γ와 위상각 ϕ)
  (부하임피던스 Z_L의 저항성분 r과 리액턴스 x)
- u와 v를 알면 원점에서 A점까지의 거리가 부하 Z_L의 반사계수 크기 Γ를, u축과 A점이 이루는 각이 반사계수의 위상각 ϕ를 나타낸다.

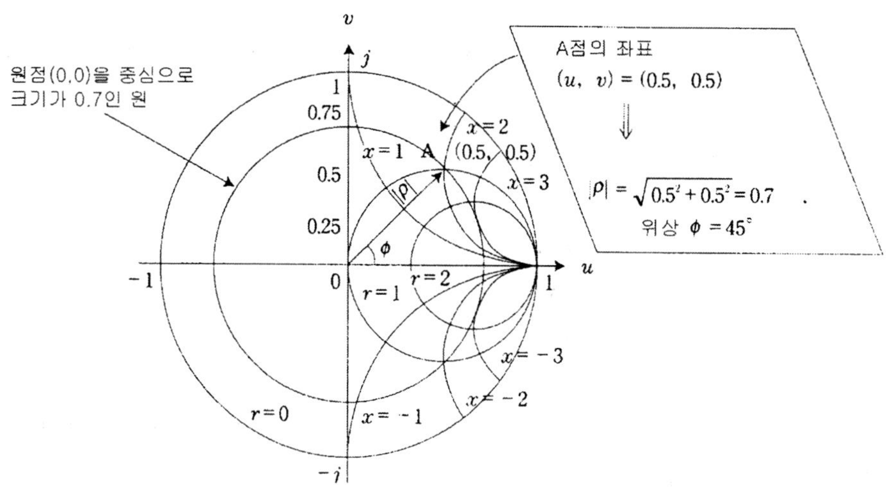

≪그림 6-4≫ 반사계수 ρ의 크기와 위상

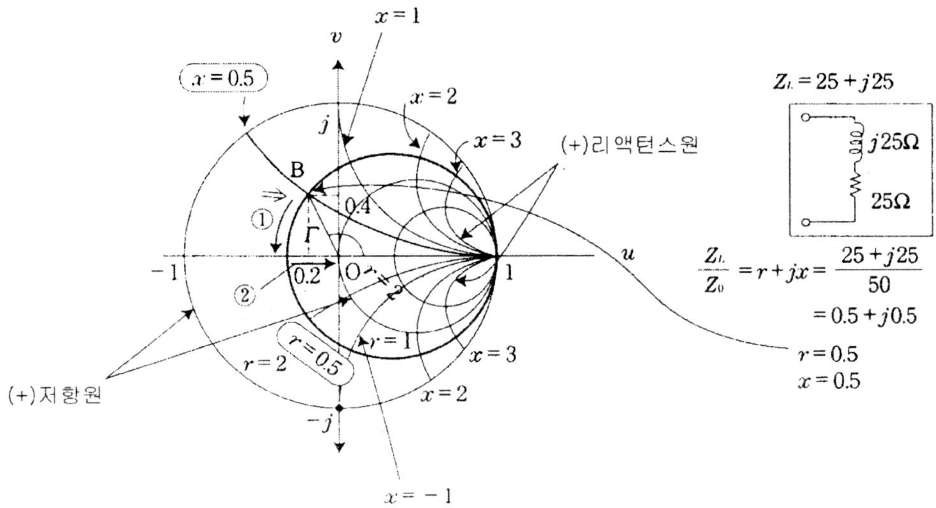

《그림 6-5》 $z_L = \frac{1+\rho}{1-\rho}$의 그래프

6.4 스미스차트를 이용한 임피던스 정합

(1) 스미스차트를 이용하여 임피던스를 정합하는 법

부하임피던스를 50Ω으로 조정하는 방법을 그림 6-6에 나타냈다. 특정 주파수에서 회로 1의 부하임피던스 Z_L이 $25+j25\,[\Omega]$이라 하면 회로의 임피던스를 50Ω으로 조정하기 위한 방법은 다음과 같다.

일단 회로 1에 직렬로 $-j25\,[\Omega]$의 콘덴서($x=\frac{1}{\omega C}$)를 추가하면, 회로 2와 같이 j성분(리액턴스성분)이 소멸되어 저항성분 25Ω이 된다. 다음으로 회로 2에 직렬로 25Ω의 저항을 추가하면 50Ω이 된다. 이와 같은 방법으로 회로 3과 같이 임피던스를 50Ω으로 할 수 있다. 이것은 그림 6-5의 스미스차트 상에서는 정 리액턴스의 원을 따라 점 B를 반시계방향으로 0.5만큼 $(-j25/50=-j0.5)$ 이동하고(①), 다음으로 u축 상에서 오른쪽 방향으로 0.5만큼 $(25/50=0.5)$ 이동하면 (②) 50Ω이 된다.(u축 상의 $r=1$

원에 도달)

다음 예제로 확인해 본다.

예 1

동작 주파수 $1GHz$에서 그림 6-7의 회로1(저항 25Ω과 인덕턴스 $10nH$의 직렬회로)에 인덕터($5nH$)를 직렬로 추가하면 스미스차트 상에서 z_L의 움직임은 어떠한가?

풀이 $1GHz$에서 그림 6-7의 회로 1의 부하임피던스 Z_L은,

$$\begin{aligned} Z_L &= R + j2\pi fL \\ &= 25 + j2\pi \times 1 \times 10^{9} \times 10 \times 10^{-9}\ [Hz] \\ &= 25 + j20\pi \end{aligned}$$

이것을 50Ω으로 정규화하면 $z_L = 0.5 + j0.4\pi = 0.5 + j1.25$가 되고, $r = 0.5$ 와 $x = 1.25$가 교차되는 점이다(그림 6-7에서 점 P_1).

이 회로에 인덕터 $5nH$를 직렬로 연결하면 $1GHz$에 있어서 리액턴스의 증가분

$$j2\pi fL = j2\pi \times 1 \times 10^9 \times 5 \times 10^{-9} = j10\pi$$

를 50Ω으로 정규화하면 $jx = j0.2\pi \fallingdotseq j0.6$이 된다. 다시말해 스미스차트에서 x가 0.6만큼 증가한 점 $P_2(1.25 + 0.6 = 1.85)$로 이동한다. □

예 2

그림 6-7의 회로 1을 50Ω으로 맞추는 방법은?

$1GHz$에서 그림 6-7의 회로1을 50Ω으로 하기 위해서는 P_1의 위치 $x = 1.25$부터 P_3의 $x = 0$까지 이동해야만 하는데 이를 위해서 추가되는 리액턴스 x는 $x = 0 - 1.25 = -j1.25$이다. 이 값은 정규화 된 값이기 때문에 $1GHz$에서 추가되는 콘덴서 C의 용량은 50Ω을 곱해서 $-j62.5\Omega$이 된다. 따라서 $1GHz$에서 62.5Ω의 임피던스가 되는 콘덴서 C의 값은 다음과 같다.

$$62.5 = \frac{1}{2\pi fC} = \frac{1}{2\pi \times 1 \times 10^9 \times C}$$

이것으로부터 $C \fallingdotseq 2.5pF$이 된다(점 P_3). 다음으로 P_3를($r = 0.5$, $x = 0$)50Ω($r = 1$)으

로 하기 위해서는 P_0로 이동해야 하는데 이 때 필요한 저항 r은 $r=1-0.5=0.5$이다. 다시 말해 $0.5 \times 50 = 50\Omega$을 직렬로 추가하면 $1GHz$에서 회로1은 50Ω이 된다.

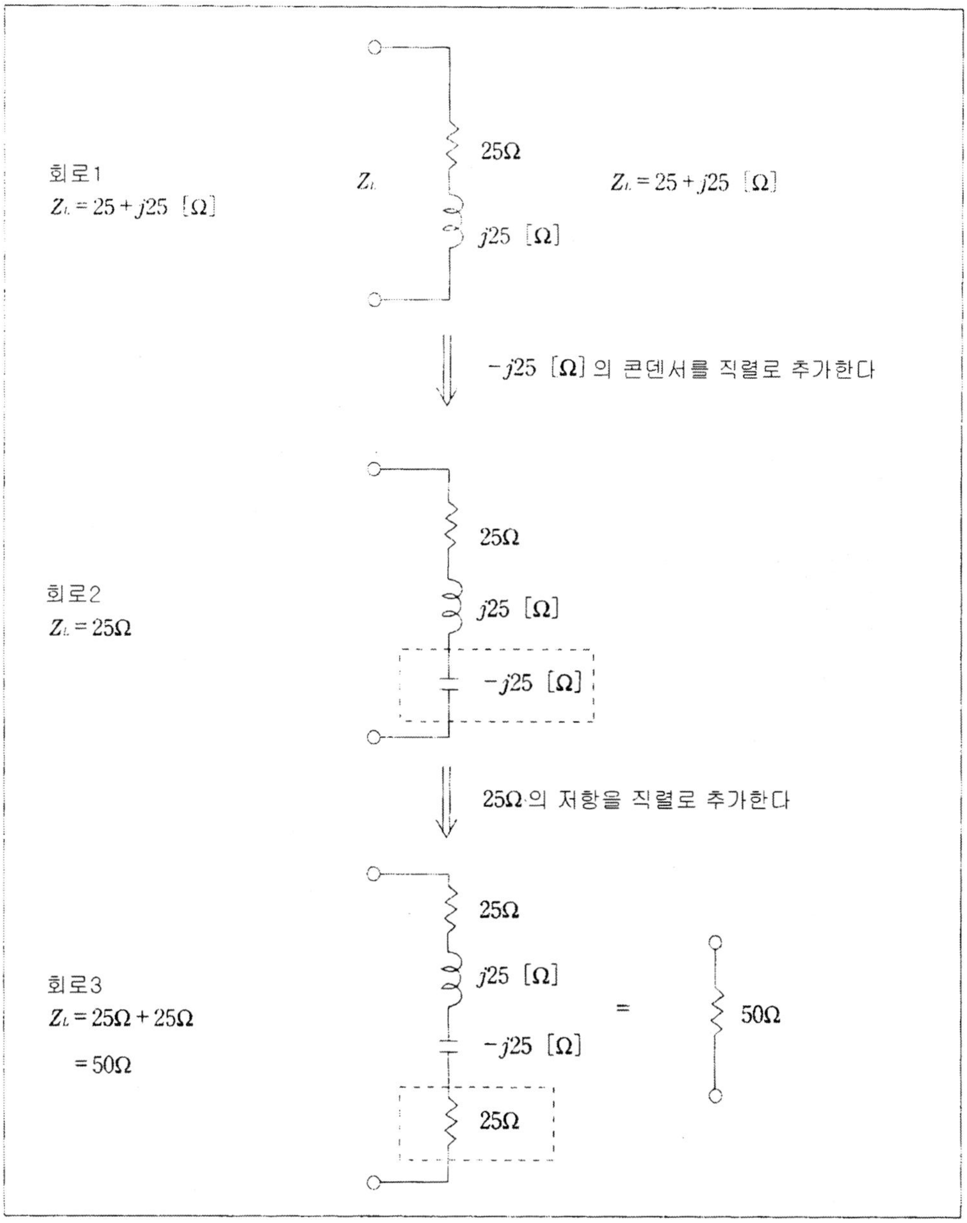

≪그림 6-6≫ 50Ω으로 매칭시키는 방법

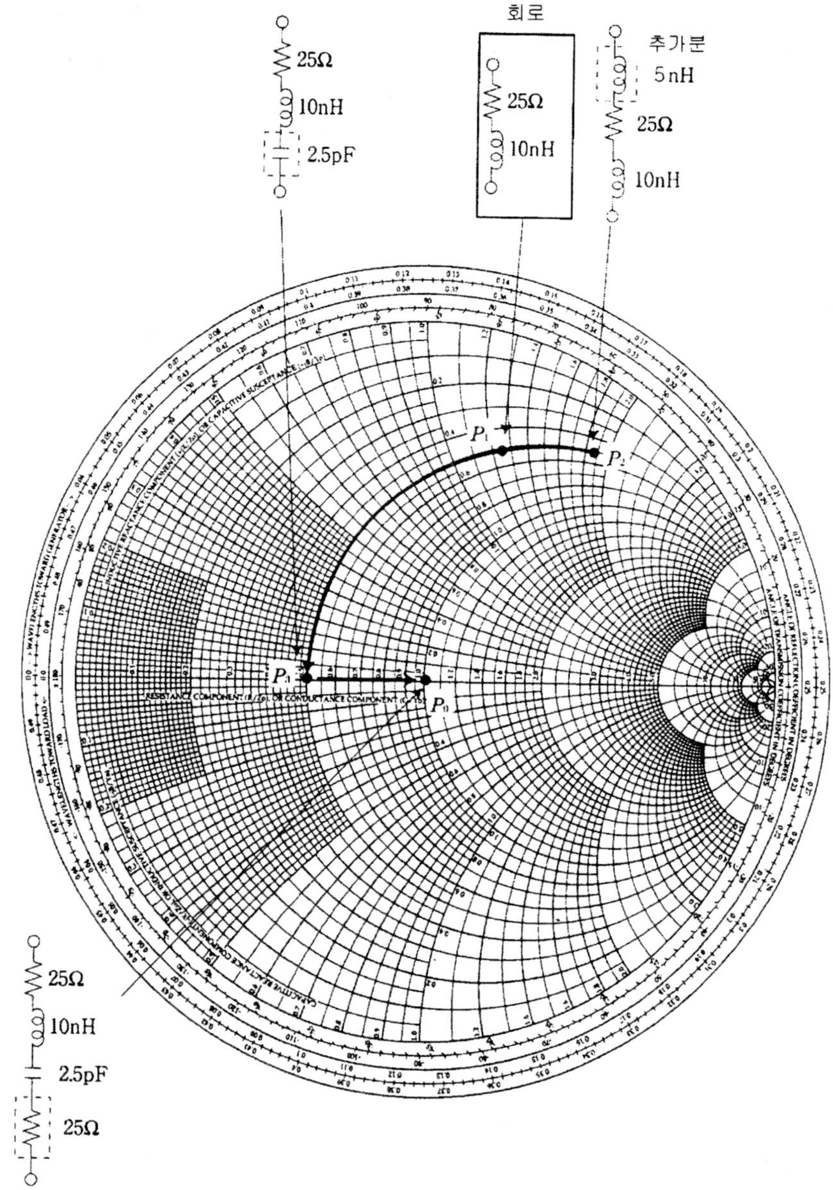

《그림 6-7》 스미스차트를 이용한 매칭법

6.5 어드미턴스차트의 사용법과 이미턴스차트

지금까지 스미스차트 작성방법, 스미스차트를 이용한 임피던스 합성법에 대해 설명하였다. 그러나 어떤 임피던스 회로가 있을 때 이 회로에 병렬로 소자(저항, 인덕턴스 또는 콘덴서)를 추가할 때는 스미스차트를 이용하면 불편한 점이 발생한다. 스미스차트와 마찬가지로 병렬로 소자를 추가해 갈 때 편리하게 사용할 수 있는 차트가 어드미턴스 차트이다.

이 차트는 어드미턴스 $Y(Y=\frac{1}{Z}=G+jB)$와 반사계수 ρ와의 관계를 나타낸 것이다. 어드미턴스차트는 스미스차트가 정(正)저항원(저항이 일정한 원으로 저항을 직렬로 접속해 갈 때 이용)과 정(正)리액턴스원(리액턴스가 같은 원에서 인덕턴스를 직렬로 추가해 갈 때는 리액턴스가 증가하는 시계방향으로, 콘덴서를 직렬로 추가해 갈 때는 리액턴스가 감소하는 반시계방향으로 이동)으로 구성되어 있다.

이와는 반대로 어드미턴스차트는 그림 6-8에 보이는 것처럼 임의의 임피던스 값에 저항을 병렬로 접속할 때 이동하기 위한 정(正)콘덕턴스원과 L과 C를 병렬로 접속할 때 사용하는 정(正)서셉턴스원으로 구성되어 있다($Y=G+jB$, G는 콘덕턴스, B는 서셉턴스). 스미스차트의 경우는 특성임피던스 Z_0로 정규화해 다루고 있으나, 어드미턴스차트에서는 어드미턴스 $Y_0=\frac{1}{Z_0}$로 정규화해 차트상에 표시했다. 따라서 스미스차트와 비교하면 좌우, 상하가 모두 반전된 그림이다. 회로에 병렬로 저항을 추가할 때에는 그림 6-8에 보이는 것처럼 정 콘덕턴스의 원이 작아지는 좌측 방향으로 이동하고 회로에 병렬로 인덕터 $L(B=\frac{1}{j\omega L}=-j\frac{1}{\omega L})$을 추가할 때에는 서셉턴스가 감소하는 반시계방향으로 이동한다. 또한 회로에 병렬로 콘덴서 $C(B=j\omega C)$를 추가할 때에는 서셉턴스가 증가하는 시계방향으로 이동한다.

스미스차트와 어드미턴스차트를 동시에 표시한 그림 6-9와 같은 이미턴스차트가 있다. 이 이미턴스차트는 회로에 소자를 직렬로 접속해 갈 때와 병렬로 접속해 갈 때의 양쪽 방향으로 사용할 수 있어 편리하다.

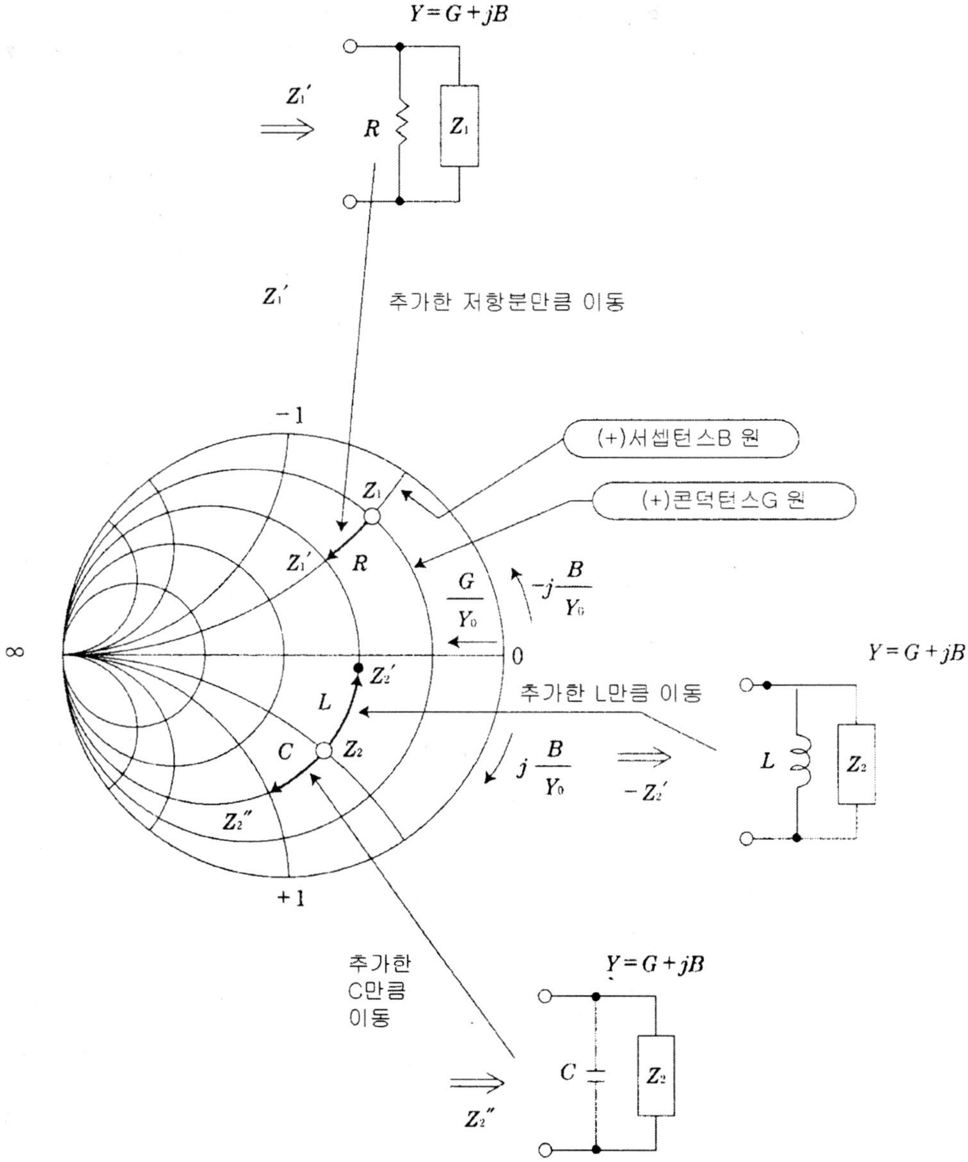

《그림 6-8》 어드미턴스차트에 의한 임피던스의 이동

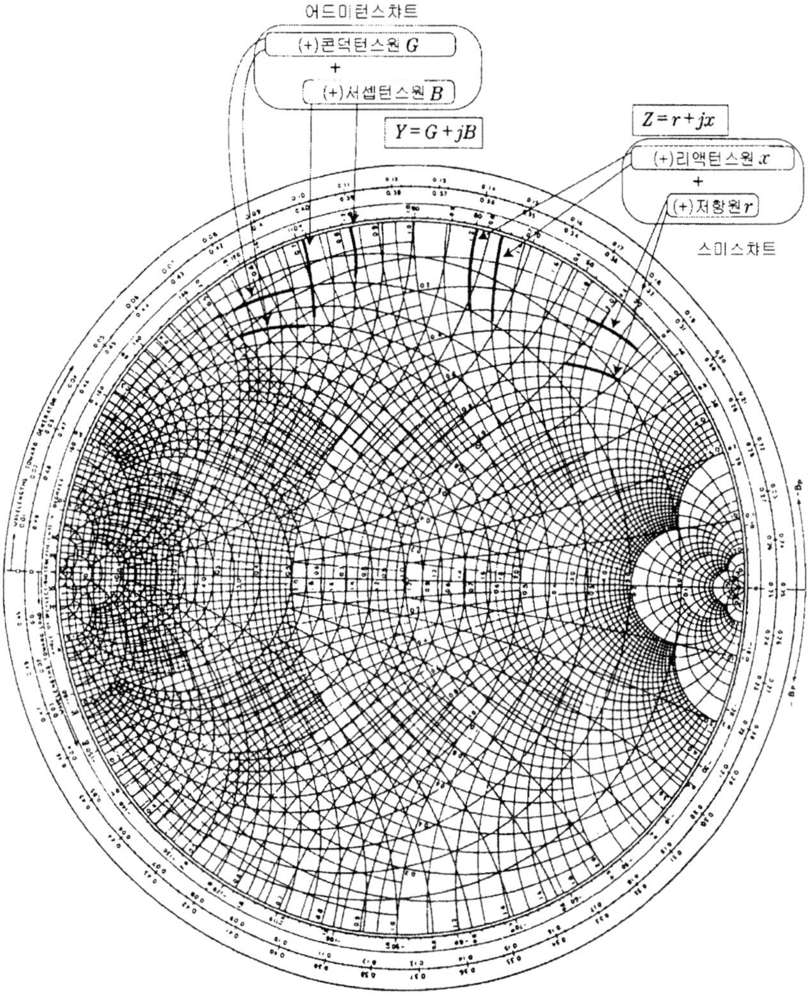

《그림 6-9》 Z-Y 차트(스미스차트+어드미턴스차트)

7

고주파의 파라미터

고주파특성을 나타내는 파라미터에는 입력에 대한 출력을 전송특성, 회로망의 입력단의 반사특성과 출력단의 반사특성, 반사의 크기를 dB로 나타낸 Return Loss, 정재파비, 고주파용 장치들의 특성을 나타내는 S 파라미터에 대해 이들의 상관관계를 알아본다.

7.1 고주파 파라미터가 지니고 있는 의미

이 장에서는 고주파 장치들의 측정 파라미터들과 이들이 갖고 있는 정성적(情性的) 의미를 이해할 필요가 있는데 이를 나열하면 다음과 같다.

전송특성

회로망의 주파수특성과 위상특성이 어떻게 되어 있는지를 나타내고 있다. 회로망으로 예를 들면 증폭기, SAW필터, 수정필터 등의 주파수특성과 위상특성을 측정하는 것에 의해 어느 정도의 주파수까지 사용할 수 있는지를 판단할 수 있다(그림 7-1). 측정 방법은 회로망에 주파수를 변화시켜 신호를 입력 했을 때 출력신호의 크기와 입력신호에 대해 위상이 어느 정도 변화했는가를 측정해서 구한다.

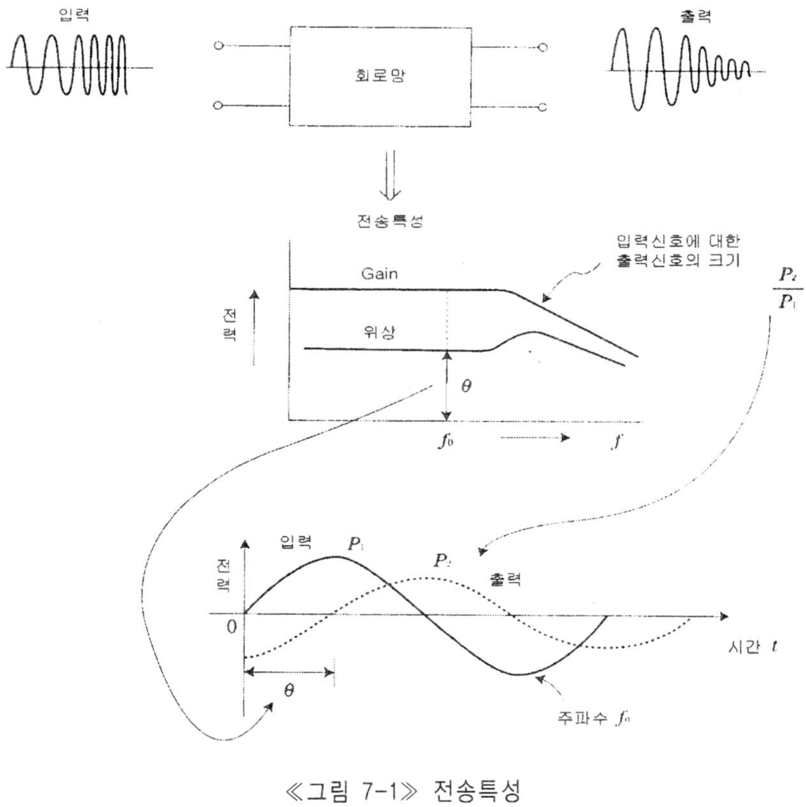

《그림 7-1》 전송특성

반사특성

회로망에 신호를 입력했을 경우에 회로망으로부터 얼마만큼의 신호가 반사되는지를 나타낸다. 이 반사특성에 의해 신호의 Loss, 임피던스 값, 임피던스매칭 정도를 알 수 있다. 반사의 크기는 통상 반사계수 ρ로 나타낸다(그림 7-2).

Return Loss

$R \cdot L$(Return Loss : 반사손실)은 반사계수 ρ의 크기 Γ를 dB로 나타낸 것이다.

$$R \cdot L = -20 log \Gamma \ [dB]$$

일반적으로 고주파 측정시 반사의 크기를 Return Loss로 나타내는 경우가 많다. 반사가 매우 적은 경우나 많은 경우, 예를 들면 반사계수 0.01과 1을 같은 그래프에 표시하려할 경우 일반 눈금으로는 표시가 어렵다. 그러나 이 값을 대수눈금(Log Scale)으로 나타내면 반사계수를 넓은 범위로 표현할 수 있다.

정재파

정재파란 전송선로의 수신단이 전송선로의 특성임피던스 Z_0로 종단되지 않는 경우(임피던스매칭이 되어 있지 않은) 전송선로 상에는 진행파와 반사파가 동시에 존재한다. 이때 진행파와 반사파가 간섭해서 전송선로 상에 외견상 진행하지 않는 파가 발생하는데 이를 정재파라고 한다.

S 파라미터

저주파영역에서는 트랜지스터의 특성을 나타내는 데 h파라미터를 사용한다. 파의 반사와 전송 등의 현상을 다루는 파라미터로서 S파라미터가 자주 사용된다. 또 고주파 트랜지스터의 특성표시에도 S파라미터가 많이 사용된다. 다시 말해 S파라미터는 입·출력단자를 특성임피던스 Z_0로 종단했을 때의 파라미터이고, h파라미터와 같이 입·출력단자를 단락 혹은 개방하는 경우는 발생하지 않는다. 고주파에서는 통상 50Ω으로 종단하는 것이 일반적이다.

이 S파라미터에는 회로망의 입력단 반사계수 S_{11}, 전송특성을 나타내는 S_{21}, 출력단에서 입력단으로 파의 누설되는 정도(아이솔레이션 특성)를 나타내는 S_{12}, 회로망의 출력단에서 보았을 때 반사계수(출력반사계수)를 나타내는 S_{22}의 4가지 파라미터가 있다(그림 7-8).

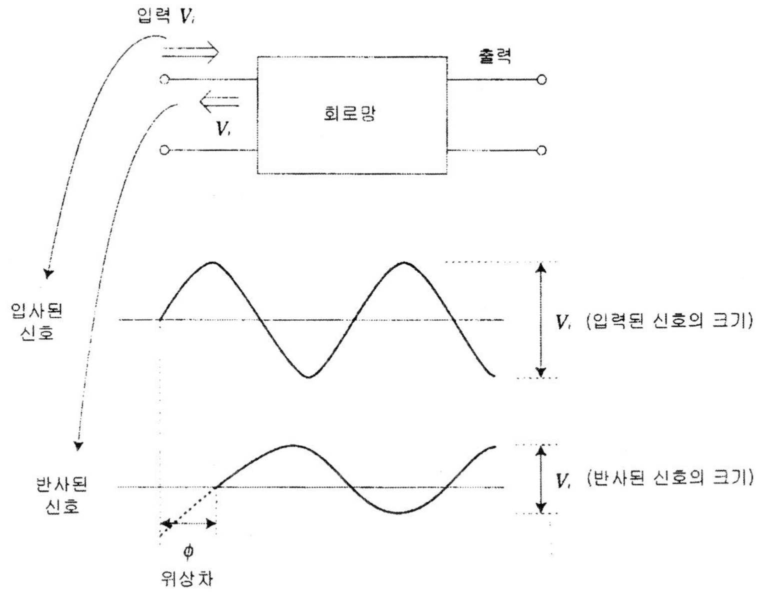

≪그림 7-2≫ 반사특성

7.2 반사계수란, 반사계수와 임피던스의 관계

반사계수란 입사되는 파에 대한 반사되는 파의 비를 의미하는데 일반적으로 입사파에 대한 반사파의 크기 Γ와, 위상차 ϕ를 가지고 있다(그림 7-2). 반사의 크기는 반사계수에 의해 다음과 같이 정의된다.

$$\text{전압반사계수}\ \rho_v = \frac{\text{반사전압}}{\text{입사전압}} = \frac{V_2}{V_1}$$

$$전류반사계수\ \rho_i = \frac{반사전류}{입사전류} = \frac{I_2}{I_1}$$

이미 제4장에서 언급했듯이 전압반사계수와 전류반사계수는 부호가 다르기 때문에 위상이 다름을 알 수 있다. 그림 7-3에는 전압·전류의 반사되는 형태를 나타내고 있다. 여기서 반사계수 ρ는 다음과 같이 나타낼 수 있다.

$$\rho = \frac{V_2}{V_1} = \frac{Z_L - Z_0}{Z_L + Z_0} = \Gamma e^{j\phi}$$

이것은 그림 7-3에서 특성임피던스 Z_0로 50Ω의 고주파 케이블에 부하임피던스 Z_L을 접속하는데 이미 알고 있는 회로나 장치를 연결하면 반사계수 ρ(크기 Γ 와 위상 ϕ)를 구할 수 있다. 또 반대로 Z_0로 50Ω의 고주파 케이블에 부하임피던스 Z_L을 접속하는데 미지의 회로나 장치 등을 접속하고 반사계수 ρ(크기 Γ와 위상 ϕ)를 측정하면 부하임피던스 Z_L을 구할 수 있다.

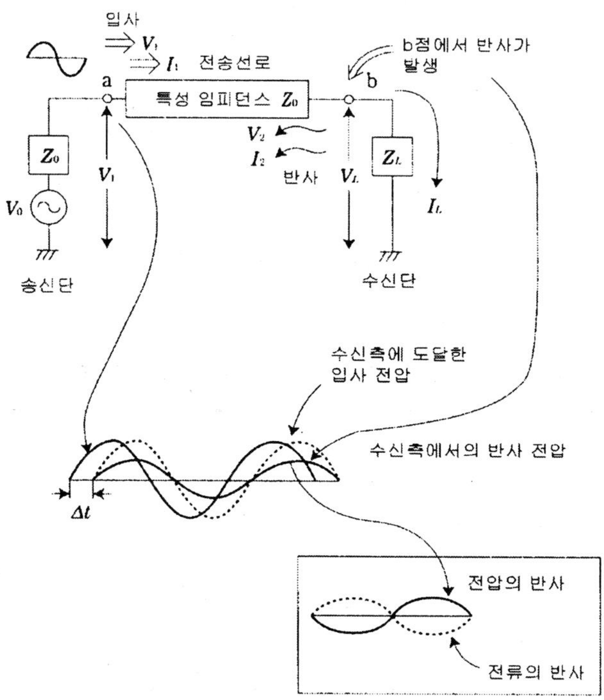

≪그림 7-3≫ 전압반사와 전류반사

예 1 특성임피던스 $Z_0 = 50\Omega$에 연결된 부하 Z_L이 순저항일 때의 반사계수

신호를 전송하는 유리에폭시 기판의 인쇄된 전송선로의 특성임피던스가 $Z_0 = 100\Omega$이 되도록 설계되었다고 가정하자. 이 전송된 신호를 아래에 보이는 임피던스 Z_L(이 경우는 순저항)로 종단시켰을 경우 반사계수 ρ의 크기 Γ와 위상차 ϕ를 구하라.

풀이 1) $Z_L = 100\Omega$ 으로 종단하면 반사계수 ρ가 0이 되어 반사는 발생하지 않는다.

2) $Z_L = 50\Omega$ 으로 종단하면 반사계수 $\rho = -\frac{1}{3}e^{j2\pi}$이 되어 반사전압의 크기는 입사전압의 $\frac{1}{3}$이 되고 반사전압의 위상은 180°(-부호)가 된다.

3) $Z_L = 200\Omega$ 으로 종단하면, 반사계수 $\rho = \frac{1}{3}e^{j0}$ 이 되어 반사전압의 크기는 입사전압의 $\frac{1}{3}$이 되고 반사전압의 위상은 0°(+부호)가 된다.

반사계수가 크다는 것은 입사전압에 대해 반사되는 전압의 크기가 크다는 의미이다. 이것은 입사전압에 큰 영향을 미쳐서 입사전압의 파형이 변화하게 된다. ■

예 2 특성임피던스 $Z_0 = 100\Omega$에 접속된 부하 Z_L이 복소수일 때의 반사계수

신호를 전송하는 유리에폭시 기판의 인쇄된 전송선로의 특성임피던스가 $Z_0 = 100\Omega$으로 설계되어 있을 때 전송된 신호를 부하임피던스 $Z_L = 100 + j50$ $[\Omega]$(복소수)로 종단시켰을 경우 반사계수 ρ의 크기 Γ와 위상차 ϕ를 구하면 다음과 같다.

$$\rho = \frac{V_2}{V_1} = \frac{Z_L - Z_0}{Z_L + Z_0} = \frac{j50}{200 + j50} = \frac{j}{4 + j} = \frac{1 + 4j}{17}$$

이것을 복소 평면에 나타내면 그림 7-4와 같이 된다. 여기서 반사의 크기 Γ는 $\Gamma = \sqrt{(\frac{1}{17})^2 + (\frac{4}{17})^2} \fallingdotseq 0.24$가 되고 입사되는 신호에 대해 반사되는 신호의 위상 ϕ는 $\phi = tan^{-1}(4) \fallingdotseq 76°$ 가 된다. ■

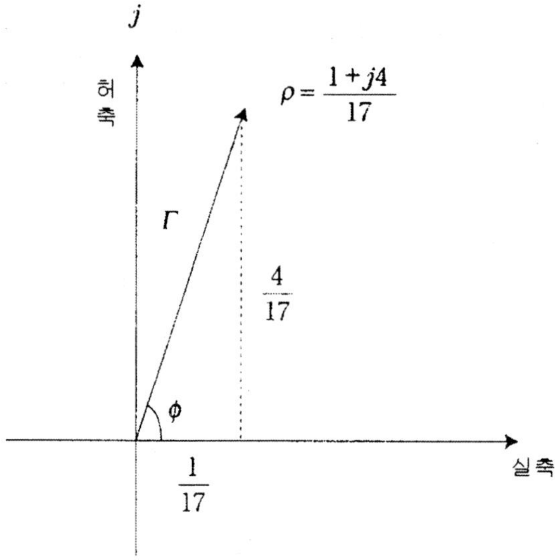

≪그림 7-4≫ 반사계수 ρ의 벡터도

7.3 Return Loss란

(1) 반사계수의 크기 Γ를 대수(Log)[dB]로 나타낸 것이다

반사계수는 이미 언급했듯이 반사의 크기 Γ와 입사파와 반사파의 위상차 ϕ를 지니고 있다. $R \cdot L$(Return Loss : 반사 손실)이란 반사계수 ρ의 크기 Γ(절대치)를 대수[dB]로 나타낸 것으로 다음과 같다.

$$R \cdot L = -20 log \Gamma \ [dB]$$

이렇게 대수로 나타내면 반사계수 값의 차이가 아주 작은 경우나 아주 작은 값에서 아주 큰 값까지를 포함하는 넓은 범위까지를 동일한 그래프에서 표현 할 수 있다. 증폭기에서 넓은 범위의 증폭도(증폭도 1에서 10000배 : 넓은 다이나믹 레인지)를 압축해서 표현하는 것과 같다. 예를 들어 반사계수가 매우 작은 경우,

$\Gamma = 0.01$과 0.02의 차

$\Gamma = 0.01$일 때

$$R \cdot L = -20log0.01 = 40dB$$

$\Gamma = 0.02$일 때

$$R \cdot L = -20log0.02 = 34dB$$

$\Gamma = 1$일 때

$$R \cdot L = -20log1 = 0$$

이렇게 반사계수의 차가 매우 작은 경우라도, 6dB의 차로 표현할 수 있다. 또 Γ가 0.01과 1을 비교했을 경우에는 100배의 레벨차가 있으나, 이것을 40dB의 차로 압축해서 표시할 수 있다.

예 반사계수의 크기로부터 Return Loss를 계산하기

$R \cdot L$의 계산 예

- 반사계수 ρ의 크기 $\Gamma = 1$일 때

$$R \cdot L = 0dB$$

- 반사계수 ρ의 크기 $\Gamma = \frac{1}{3}$일 때

$$R \cdot L = -20log\frac{1}{3} = 9.54dB$$

- 반사계수 ρ의 크기 $\Gamma = \frac{1}{5}$일 때

$$R \cdot L = -20log\frac{1}{5} = 13.9dB$$

- 반사계수 ρ의 크기 $\Gamma = \frac{1}{10}$일 때

$$R \cdot L = -20log\frac{1}{10} = 20dB$$

이 관계를 그래프로 나타내면 그림 7-5와 같다.

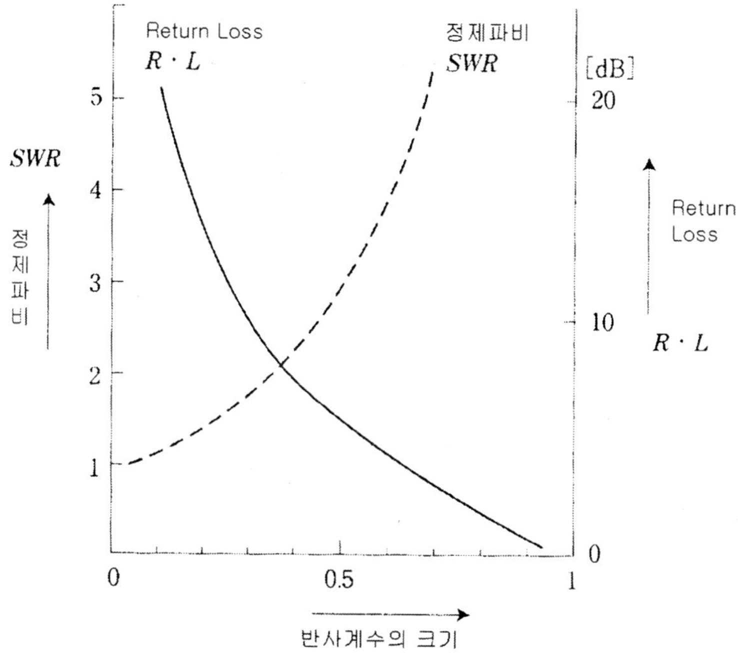

《그림 7-5》 정재파 SWR과 반사계수의 크기 Γ 및 반사계수의 크기 Γ와 Return Loss와의 관계

《표 7-2》 트랜지스터의 S파라미터(2SC5096)

측정조건	S 파라미터, $Z_0 = 50\Omega$ $T_a = 25^\circ$ $V_{CE} = 6V$ $I_C = 3mA$							
주파수	S_{11}		S_{21}		S_{12}		S_{22}	
[MHz]	크기	위상	크기	위상	크기.	위상	크기	위상
⋮	⋮	⋮	⋮	⋮	⋮	⋮	⋮	⋮
1000	0.297	-83.7	3.592	95.6	0.124	53.2	0.500	-39.9
1200	0.226	-92.7	3.140	88.5	0.137	53.6	0.465	-41.1
1400	0.175	-101.9	2.808	82.3	0.152	54.1	0.442	-42.2
⋮	⋮	⋮	⋮	⋮	⋮	⋮	⋮	⋮

표 7-1은 반사계수의 크기 Γ를 변화시켰을 경우 Return Loss($R \cdot L$)과 SWR의 값을 표로 나타낸 것이다.

≪포인트≫

- Return Loss ($R \cdot L$)는 반사계수의 크기를 대수로 나타낸 것이다.
- 대수로 나타내면 반사계수의 넓은 범위를 압축해서 표현할 수 있다.
- 반사계수가 작을수록 Return Loss의 값은 커진다.

≪표 7-1≫ 반사계수 • Return Loss • 정재파비의 관계

반사계수$\|\rho\|$	Return Loss	정재파비 SWR	반사계수 $\|\rho\|$	Return Loss	정재파비 SWR
0.01	40	1.02	0.5	6	3
0.02	33.9	1.04	0.525	5.6	3.21
0.04	27.9	1.08	0.55	5.2	3.44
0.06	24.4	1.12	0.575	4.8	3.7
0.08	21.9	1.17	0.6	4.4	4
0.1	20	1.22	0.625	4.1	4.33
0.125	18	1.28	0.65	3.7	4.71
0.15	16.4	1.35	0.675	3.4	5.15
0.175	15.1	1.42	0.7	3.1	5.66
0.2	13.9	1.5	0.725	2.8	6.27
0.225	12.9	1.58	0.75	2.5	7
0.25	12	1.66	0.775	2.2	7.9
0.275	11.2	1.76	0.8	1.9	9
0.3	10.4	1.85	0.825	1.7	10.4
0.325	9.76	1.96	0.85	1.4	12.3
0.35	9.1	2.07	0.875	1.1	15
0.375	8.5	2.2	0.9	0.9	19
0.4	7.9	2.33	0.925	0.7	25.7
0.425	7.4	2.48	0.95	0.4	39
0.45	6.9	2.63	0.975	0.22	79
0.475	6.4	2.36	1	0	∞

7.4 정재파비(SWR : Standing Wave Ratio)란

전송선로에 접속된 부하임피던스 Z_L이 전송선로의 특성임피던스 Z_0로 종단되어있지 않은 경우(임피던스매칭이 되어 있지 않음)는 입사되는 신호에 대해 반사되는 신호가 존재하게 되고 전송선로 상에서 외견상 진행하지 않는 정재파가 발생된다. 반면, 부하 Z_L가 선로의 특성 임피던스 Z_0와 같을 경우(임피던스매칭이 되어 있을 때)는 반사파가 생기지 않아서 정재파는 발생하지 않는다. 정재파는 반사파의 레벨이 클수록 크기가 커진다. 이 현상은 이미 서술한 파동현상과 동일하고 진행하는 파와 반사하는 파가 있으면 반드시 정재파가 발생한다.

(1) 정재파비(SWR : Standing Wave Ratio)

정재파비는 입사하는 파와 반사하는 파가 동위상으로 합해질 때의 정재파 전압의 크기 $V_{\max}$와, 역위상으로 합해질 때의 정재파 전압의 크기 $V_{\min}$의 비를 구해 정재파비 또는 전압정재파비VSWR(Voltage Standing Wave Ratio)라 부른다. 전류에 대한 정재파비도 같은 방법으로 전류최대치 $I_{\max}$와 전류최소치 $I_{\min}$의 비를 취하여 구할 수 있다.

$$SWR = V_{\max}/V_{\min} = - I_{\max}/I_{\min}$$

전압정재파비(VSWR)는 다음과 같이 나타낼 수 있다.

$$\text{VSWR} = \frac{\text{입사파} + \text{반사파}}{\text{입사파} - \text{반사파}} = \frac{1+\Gamma}{1-\Gamma} \tag{7.1}$$

여기서 전압정재파비 SWR은 반사계수의 크기 Γ를 알면 구할 수 있다.

예 반사계수의 크기로부터 전압정재파비(VSWR)를 계산한다.

- 반사계수의 크기가 $\Gamma = 0$일 경우 $VSWR = 1$
- 반사계수의 크기가 $\Gamma = \frac{1}{5}$일 경우 $VSWR = 1.5$

- 반사계수의 크기가 $\Gamma = \frac{1}{3}$일 경우 $VSWR = 2$
- 반사계수의 크기가 $\Gamma = 1$일 경우 $VSWR = \infty$

반사계수의 크기 Γ와 VSWR의 관계를 그래프로 나타내면 그림 7-5와 같이 된다.
실제 고주파 측정에서는 입사되는 전력과 반사되는 전력의 크기로부터 반사계수를 측정해서 정재파비 SWR을 계산한다. 식 (7.1)에서 반사의 크기 Γ를 정재파비 SWR로 나타내면 다음과 같다.

$$\Gamma = \frac{SWR - 1}{SWR + 1} \tag{7.2}$$

(2) 전압정재파와 전류정재파가 발생하는 모양

그림 7-6에 보이는 신호원 V_i가 특성임피던스 Z_0의 전송선로를 통해 부하 Z_L(특성임피던스 Z_0의 2배)에 신호를 공급하는 경우를 생각하면 전압반사계수는 $\rho = \frac{Z_L - Z_0}{Z_L + Z_0}$을 이용해서 계산하면 $\rho = \frac{1}{3} = 0.33$이 되고 반사가 없는 경우는 $\rho = 0$이 된다. 식 (7.1)에서 반사가 없을 때($\Gamma = 0$) 전압정재파비는 $VSWR = 1$이 된다. 반사계수의 크기가 $\Gamma = 0.33$일 때는 $V_{\max} = 1 + \Gamma = 1.33$, $V_{\min} = 1 - \Gamma = 1 - 0.33 = 0.67$로 되고 그림 7-6(a)와 같다. 이미 언급했듯이 전압반사계수와 전류반사계수는 위상이 반대이기 때문에 전류정재파도 그림 7-6(b)와 같이 된다.

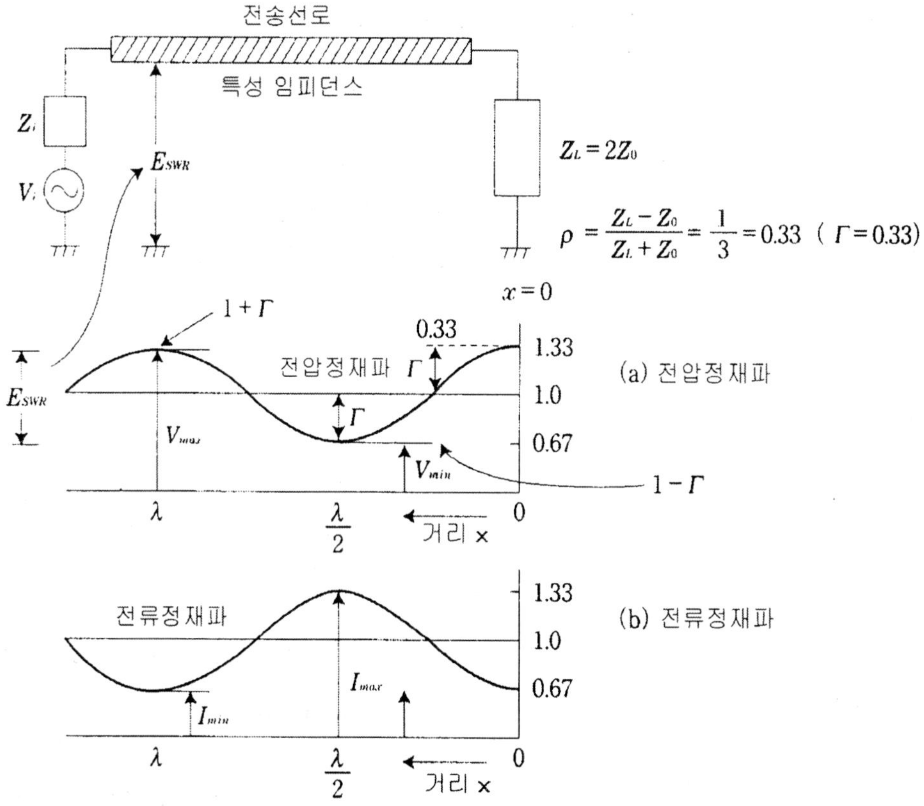

《그림 7-6》 부하가 $Z_L = 2Z_0$로 종단된 경우 전압정재파와 전류정재파

7.5 S 파라미터(S 행렬, Scattering Parameter)

그림 7-7에 보이는 4단자의 고주파 회로와 소자의 입력단에 입사파로 a_1을 입력했을 경우 입력단으로 반사되는 파를 b_1, 출력단으로 투과해 가는 파를 b_2라 한다. 또 출력단에 입사파 a_2를 입력했을 때 출력단으로 반사되는 파를 b_2라 하고, 입력단으로 투과하는 파를 b_1이라 하면, S 파라미터에 대해 다음 식이 성립한다.

$$\begin{bmatrix} b_1 \\ b_2 \end{bmatrix} = \begin{bmatrix} S_{11} & S_{12} \\ S_{21} & S_{22} \end{bmatrix} = \begin{bmatrix} a_1 \\ a_2 \end{bmatrix} \qquad \begin{aligned} b_1 &= S_{11} \cdot a_1 + S_{12} \cdot a_2 \quad (7.3) \\ b_2 &= S_{21} \cdot a_1 + S_{22} \cdot a_2 \quad (7.4) \end{aligned}$$

h 파라미터를 구하는 방법과 같은 방법으로 식 (7.3)과 식 (7.4)를 이용해 각 파라미터를 구하면 다음과 같다. 이들 S 파라미터를 구할 때 종단에 사용하는 특성임피던스는 50Ω이다.

S_{11} : 출력단을 특성임피던스 Z_0로 종단하고 입력단의 입사파 a_1에 대한 반사파 b_1의 비율이다. 입력반사계수라 한다.

$S_{11} = b_1/a_1$ (입력단의 반사계수)··· 입력반사계수 ρ

S_{21} : 출력단을 특성임피던스 Z_0로 종단하고 입사파 a_1에 대해 출력단으로 향하는 투과파 b_2의 비율이다. 이것은 입력단에서 출력단으로의 전송특성을 나타낸다.

$S_{21} = b_2/a_1$ (회로망의 전송특성) ··· 전송특성(투과계수)

S_{12} : 입력단을 특성임피던스 Z_0로 종단하고 출력단으로부터 입사파 a_2를 입사시켰을 때 입력단으로 투과하는 투과파 b_1의 비율이다. 출력단으로부터 입력단으로 전송되는 동안 파의 누설 손실 나타내는 아이솔레이션 특성을 나타낸다.

$S_{12} = b_1/a_2$ (회로망의 역방향전송특성)

··· 아이솔레이션 특성(역방향투과계수)

S_{22} : 입력단을 특성임피던스 Z_0로 종단하고 출력단으로부터 입사파 a_2를 입사시켰을 때 출력단으로 반사되는 반사파 b_2의 비율이다. 출력단에서 본 반사계수를 나타낸다.

$S_{22} = b_2/a_2$(출력단의 반사계수) ··· 출력반사계수 ρ

이를 정리해서 알기 쉽게 하면 표현하면 그림 7-8과 같다.

≪포인트≫

- S 파라미터는 특성임피던스 Z_0로 종단하기 때문에 발진현상 등이 없어지므로 고주파 측정시 문제점이 없어진다.
- S 파라미터를 측정하는 것으로 고주파에 대한 여러 가지 특성을 알 수 있다. (반사계수, 고주파전송특성, 고주파 아이솔레이션 특성)

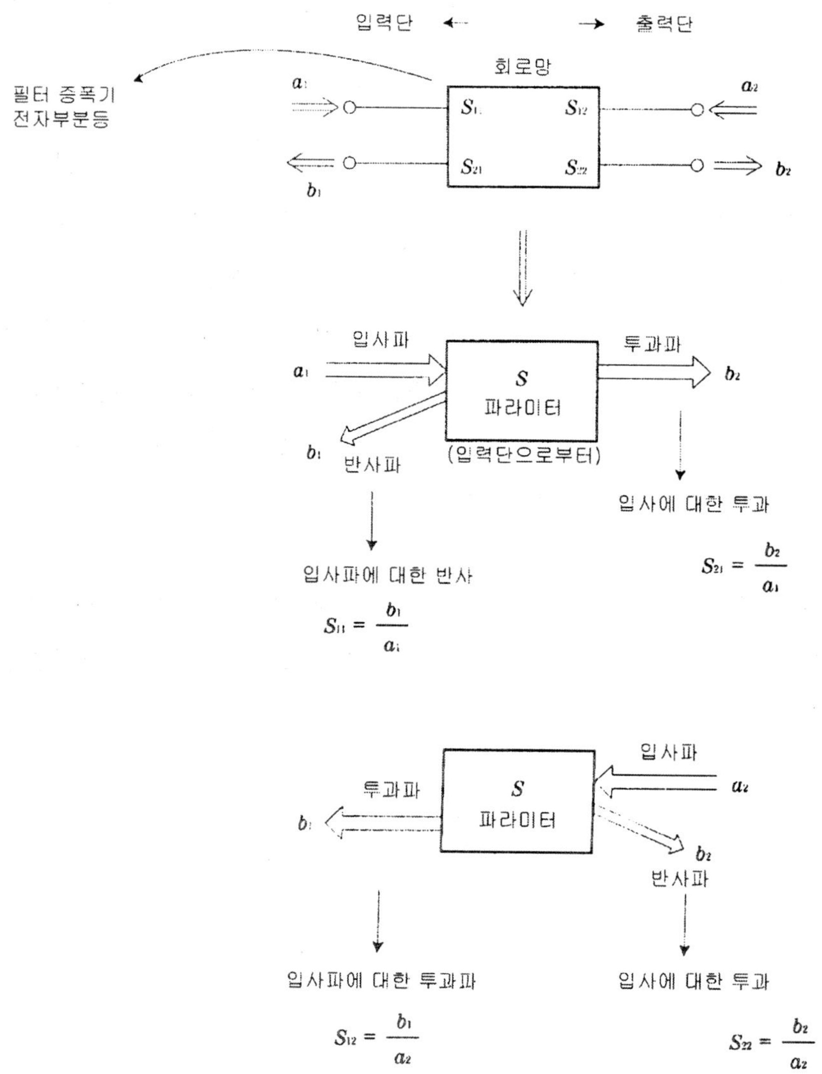

≪그림 7-7≫ S 파라미터의 표시

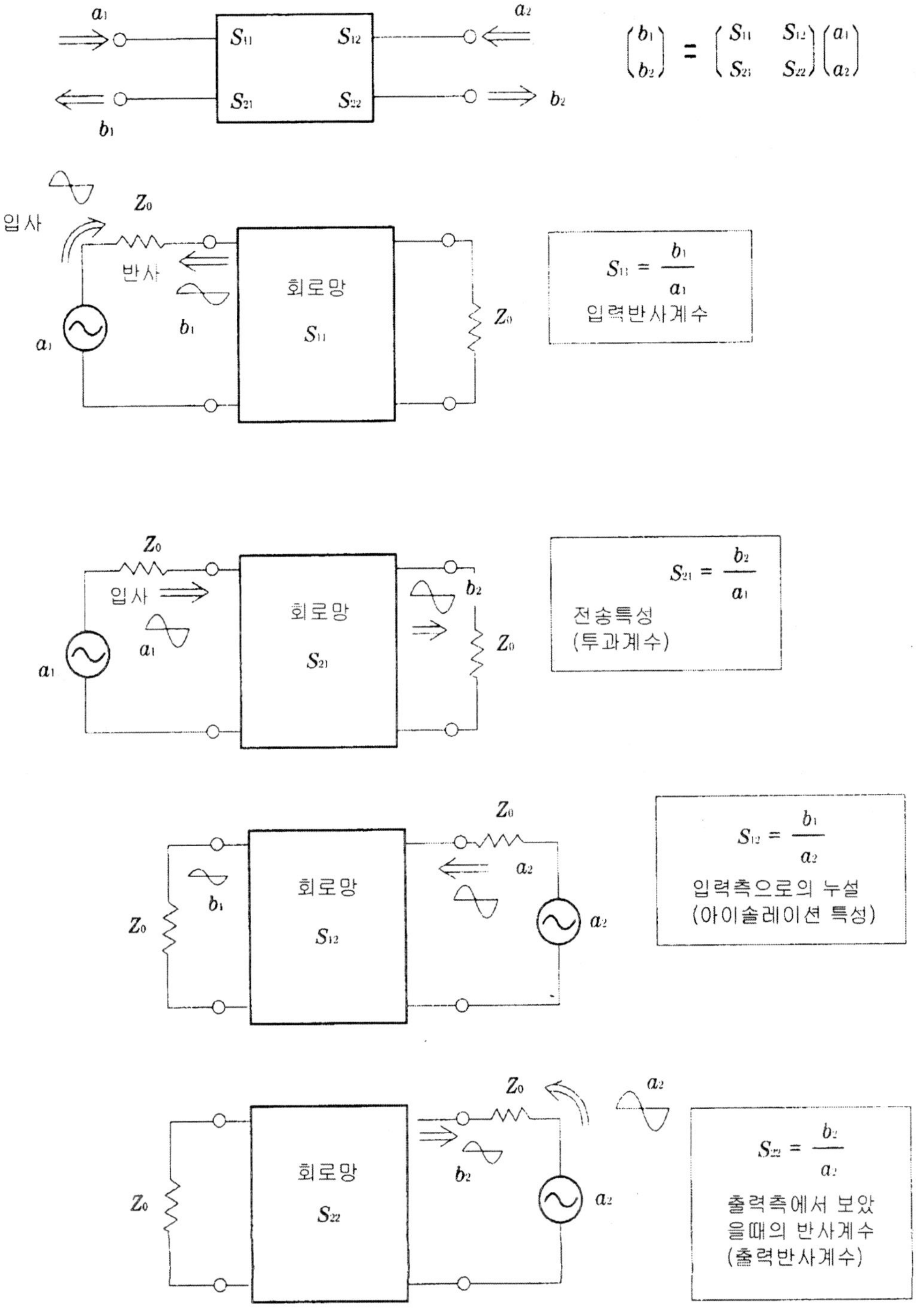

≪그림 7-8≫ S 파라미터 구하는 방법

7.6 S 파라미터의 활용성

S 파라미터의 응용으로 트랜지스터를 예로 들어본다. 트랜지스터의 S 파라미터 측정값에는 특성임피던스 Z_0, 온도 T_a, 콜렉터와 에미터 사이의 전압 V_{CE}, 콜렉터 전류 I_C가 작아도 S 파라미터들을 결정할 수 있는 조건에서 측정된 값이 표시되어 있다. 여기서는 NPN타입의 트랜지스터2SC5096의 S 파라미터 일부를 표 7-2에 나타냈다. 이 표로부터 주파수 1GHz에서 트랜지스터의 S파라미터가 갖는 의미에 대해 알아보자.

(1) S 파라미터의 의미

① S_{11}(입력측 반사계수)

1GHz에 있어서의 S_{11}의 크기는 0.297, 위상은 $-83.7°$로 되어 있다.

위에서 주어진 조건을 사용하면 입력 신호전력은 $(0.297)^2 \fallingdotseq 0.088$, 다시 말해 8.8%의 전력이 입력으로 되돌아온다. 이 때문에 입력된 전력을 100% 트랜지스터에 전달하기 위해서는 입력단과 트랜지스터 사이에 정합회로(임피던스매칭회로)를 삽입할 필요가 있다.

S_{11}으로부터 트랜지스터의 부하를 계산하기 위해서 반사계수

$$\rho = \Gamma e^{j\phi} = 0.297e^{-j83.7} = 0.297\{cos(-83.7°) + jsin(-83.7°)\}$$
$$= 0.03 - j0.295$$

이고, 이로부터 반사계수와 임피던스와의 관계식 $\rho = \dfrac{Z_L - Z_0}{Z_L + Z_0}$ $(Z_0 = 50\Omega)$에서 Z_L을 구하면 다음과 같다.

$$Z_L = \frac{1+\rho}{1-\rho} Z_0$$

이 식에 ρ를 대입하면 부하임피던스는 다음과 같다.

$$\frac{1.03 - j0.295}{0.97 + j0.295} \times 50 \doteqdot 44.6 - j\,28.9 \quad [\Omega]$$

따라서 S_{11}에 대한 트랜지스터의 입력부분의 임피던스매칭 회로는 그림 7-9와 같이 된다.

② S_{21} (입력에서 출력으로의 전송특성)

1GHz에서 S_{21}의 크기는 3.592 위상은 95.6° 로 되어 있다. 이것은 트랜지스터에 입력된 신호전력은 $(3.592)^2 \doteqdot 13$배로 증폭되어 출력되는 것을 의미한다.
전력증폭도 $= 10log3.592^2 \doteqdot 11dB$가 된다.

③ S_{12} (출력측에서 입력으로의 누설)

1GHz에서 S_{12}의 크기는 0.124, 위상은 53.2° 로 되어 있다. 이것은 출력 측에서 신호를 입사시켰을 때 입력 측에 $(0.124)^2 \doteqdot 0.015$, 다시 말해 1.5%만 되돌아오는 것을 알 수 있다.
입력단으로의 누수량 $= 10log(0.124)^2 \doteqdot -18dB$가 된다

④ S_{22} (출력측 반사계수)

1GMHz에서 S_{22}의 크기는 0.5, 위상은 -39.9° 로 되어 있다.

S_{11}과 같은 방법으로 계산하면 반사계수 $\rho = 0.5e^{-j39.9}$로 나타낼 수 있다. 이것은 출력단에 신호를 입력했을 때 출력단에서 신호전력의 $(0.5)^2 \doteqdot 0.25$ 즉 25%의 전력이 출력단에서 반사되어 돌아오는 것을 의미한다. 따라서 트랜지스터에서 100% 전력을 빼내기 위해서는 출력단에 S_{11}에 대한 정합회로를 삽입한 것과 동일한 방법으로 S_{22}에 대한 정합회로(임피던스매칭회로)도 필요하다.

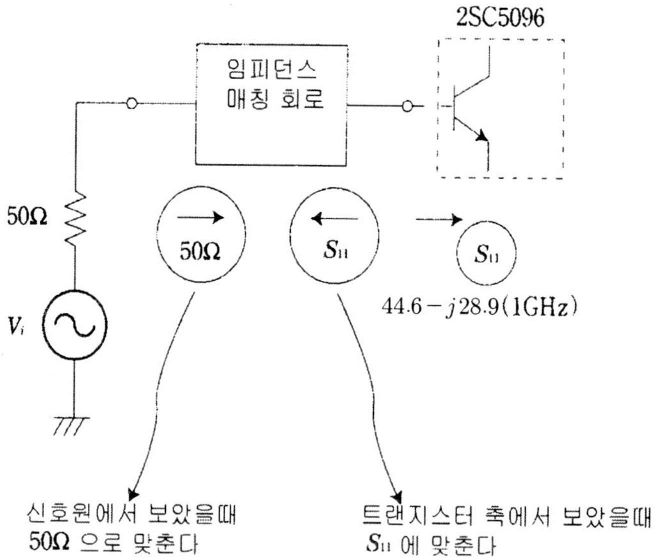

≪그림 7-9≫ S_{11}을 이용한 임피던스 매칭 방법

(2) 트랜지스터의 매칭회로

트랜지스터의 데이터 북에는 반사특성을 나타내는 S 파라미터인 S_{11}과 S_{22}가 스미스챠트상에 주파수를 변화시켰을 때의 임피던스의 궤적이 그려져 있고 $\left(Z_L = Z_0 \cdot \dfrac{1+\rho}{1-\rho} = Z_0 \cdot \dfrac{1+S_{11}}{1-S_{11}},\ Z_0 = 50\Omega\right)$, S_{21}과 S_{12}는 극좌표상에 주파수를 변화시켰을 경우의 궤적이 표시되있다. 그림 7-10(a)는 2SC5096의 S파라미터 S_{11}이 스미스챠트상에 표현되어 있다. S_{22}도 같은 모양으로 스미스챠트상에 표시되어 있다. 또 그림 7-10(b)는 S_{21}을 극좌표로 표시 한 것을 나타내고 있다. S_{12}도 같은 모양으로 극좌표상에 표시되어 있다. 그림 7-11은 트랜지스터의 입력단의 반사계수 S_{11}에 매칭하기 위한 매칭회로 1을 또 출력단의 반사계수 S_{22}에 대한 매칭회로 2를 삽입한 예를 보여주고 있다. 일반적으로 이들 매칭회로는 저항을 사용하면 전력 손실이 발생하기 때문에 인덕터 L과 콘덴서 C로 회로가 구성된다.

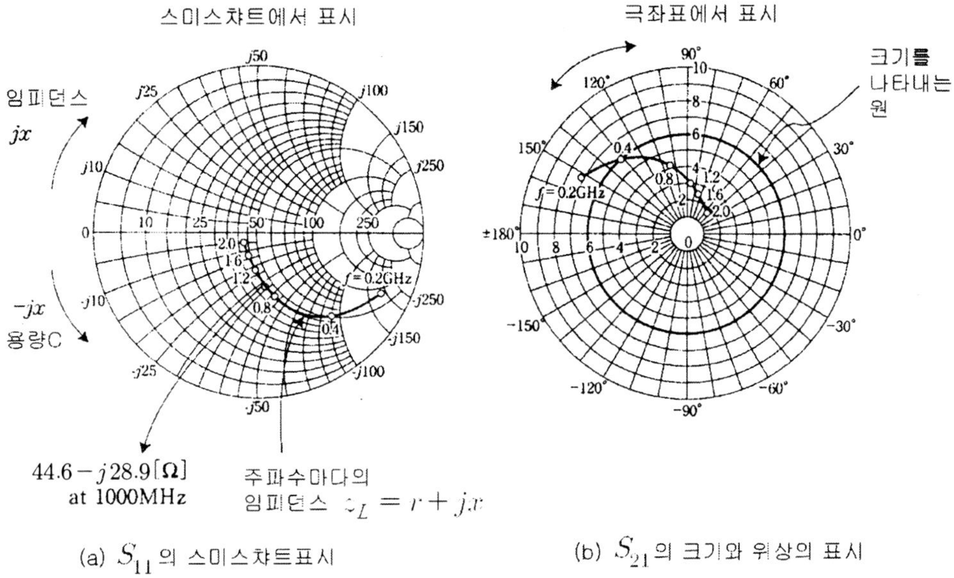

≪그림 7-10≫ S_{11}의 스미스차트 표시와 S_{21}의 극좌표 표시

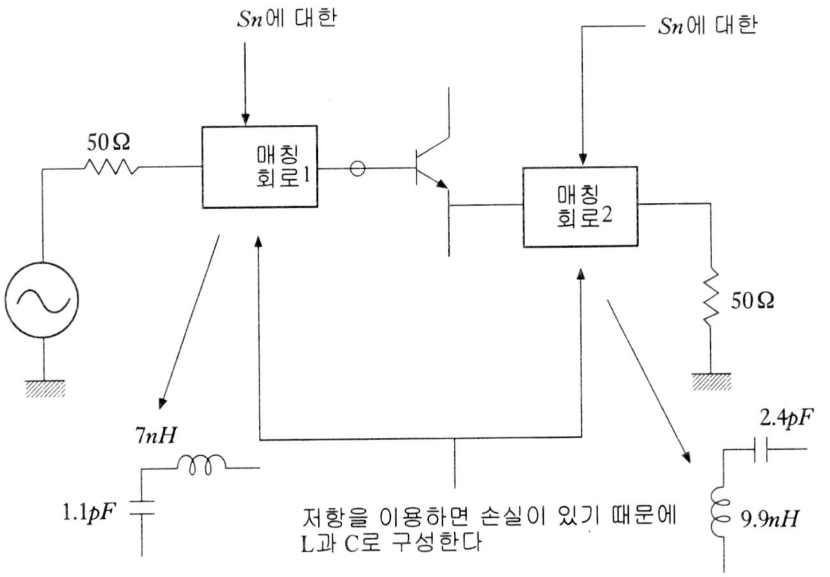

≪그림 7-11≫ 입력단과 출력단의 매칭회로

8

고주파 측정의 실제

기존의 전압전류를 측정하는 방법으로 고주파를 측정하면 어떠한 문제가 발생하는지, 고주파 측정에 관한 기본 원리를 공부한다. 고주파특성 측정에 필요한 측정기인 네트웍 분석기의 원리, 측정법, 무엇을 측정할 수 있는지, 측정오차에 대해 이해하는 것을 이 장에서는 목표로 한다.

8.1 고주파에서 전압전류를 소자의 물리적 특성을 나타내는 파라미터로 사용할 수 없는 이유

(1) 회로를 단락하거나, 개방하는 것에 의한 오차가 발생한다.

회로망의 특성을 알기위해서 여러 가지 파라미터를 측정하면 회로망이 지닌 특성을 정량적으로 파악할 수 있다(ex: 회로망의 전송특성, 회로망의 반사특성, S 파라미터 등). 일반적으로 증폭기, 필터, 트랜지스터와 같은 회로망의 특성을 파악하기 위해서 h 파라미터나 Y 파라미터 등을 자주 이용해 왔다. 이러한 파라미터를 구하기 위해서는 회로망의 입·출력을 단락이나 개방해서 전압과 전류를 측정한다. 이른바 전압전류를 이용한 측정방법이었다. 이러한 h 파라미터를 측정하는 방법을 그림 8-1에 나타냈다.

(2) 회로망을 단락하는 것에 의해 오차가 발생한다.

h파라미터인 h_{11}을 구하기 위해서 그림 8-1(b)처럼 출력단을 단락한 경우, 단락에 사용된 재료와 길이에 의해 인덕턴스가 발생한다.

길이가 $1cm$이고 $5nH$의 인덕턴스를 단락의 재료로 사용하면 주파수 $1GHz$에서 임피던스는 $Z = 2\pi \cdot f \cdot L = 2 \times 3.14 \times 1 \times 10^9 \times 5 \times 10^{-9} \fallingdotseq 31\Omega$이 된다. 원래는 $1GHz$에서 0Ω이어야만 하나 31Ω의 임피던스가 발생하였다.

(3) 회로망을 개방하는 것에 의해 오차가 발생한다.

h 파라미터인 h_{22}을 구하기위해서 입력단을 개방하는데 그림 8-1(e)처럼 입력단을 개방함으로써 부유정전용량 C_s가 발생한다.(입력단자 사이에서 전기력선이 발생한다.) 이 부유정전용량 C_s를 $0.5pF$이라 하면, $1GHz$에서 임피던스는 $Z_c = 1/2\pi f C_s = 1/2 \times 3.14 \times 10^9 \times 0.5 \times 10^{-12} \fallingdotseq 318\Omega$ 이 되어서 개방 시 저항인 수 $M\Omega$ [이상적으로는 ∞ Ω]보다 저항값이 현저히 줄어든다.

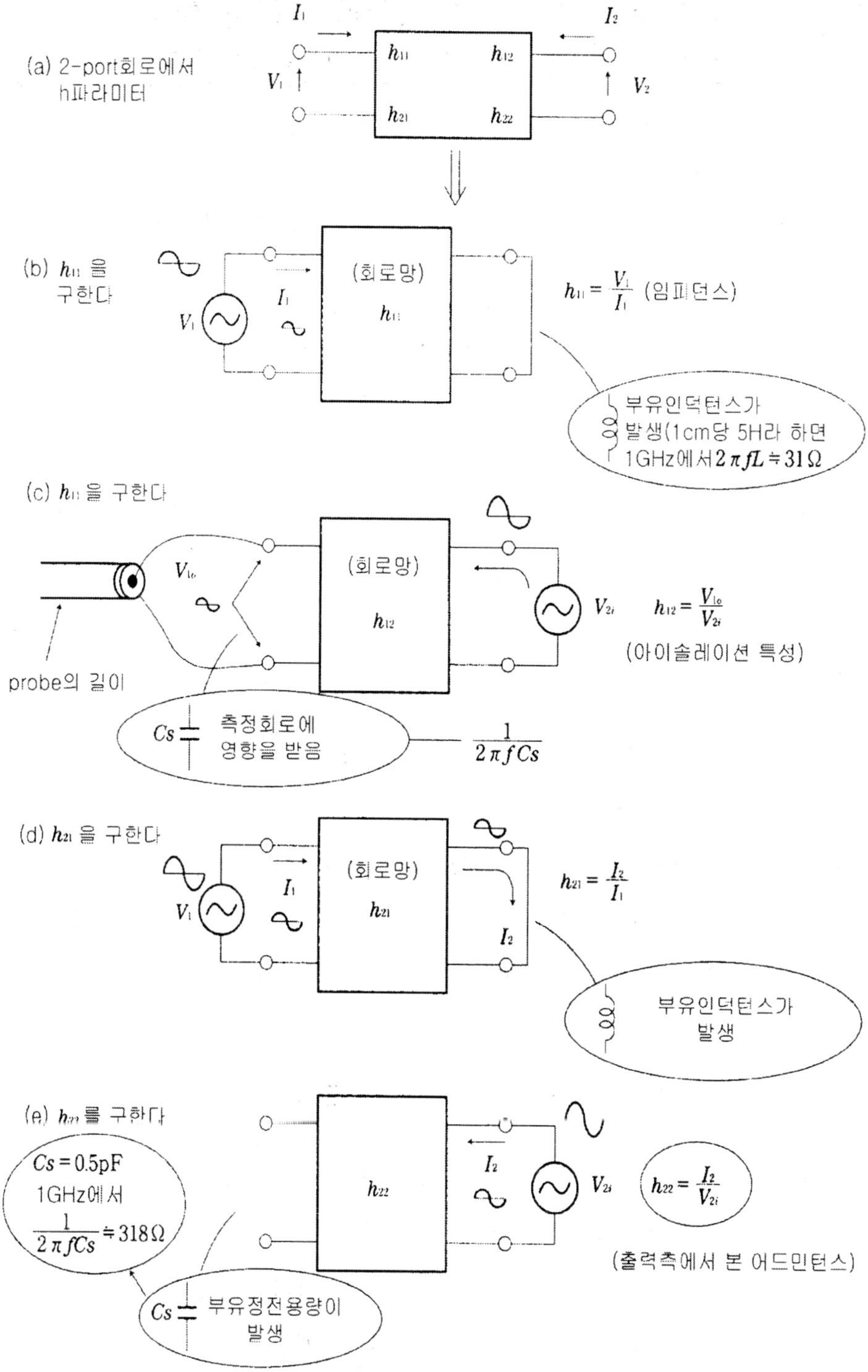

≪그림 8-1≫ 측정방향에 따른 h파라미터

(4) Probe에 의한 측정오차의 발생

그림 8-1(c)에서 h 파라미터인 h_{12}를 구할 경우에 측정용 probe를 사용하는데 이 probe의 입력 정전용량에 의해 영향을 받아서 측정된 신호는 정확하지 않게 된다. 또한 오실로스코프의 probe를 이용해서 측정하는 경우는 임피던스매칭을 할 수 없어 probe의 길이가 분포정수회로(이 상태에서는 신호의 반사가 발생)가 되어버려, 정확한 고주파 신호도 측정할 수 없게 된다(그림 8-2).

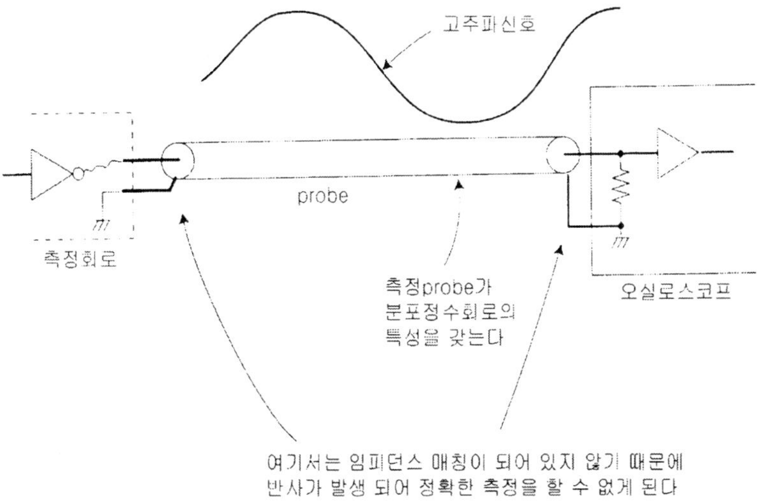

≪그림 8-2≫ 고주파신호에서 프르브의 특성 변화

8.2 배 경

(1) dB에 대해서

고주파 측정으로 사용하는 단위에는 $[dB]$, $[dB\mu V]$, $[dBm]$ 등이 있다. $[dB]$는 전류, 전압, 전력에 대해서 그림 8-3에서처럼 회로망에 입력된 전력의 크기 P_1에 대한 출력된 전력의 크기 P_2의 비 P는 $P = 10log\frac{P_2}{P_1}$ [dB]로 나타낼 수 있다(S파라미터로 말하면 S_{21}). 전력에 관해서는 그림 8-3의 회로망의 입력임피던스를 Z_1이라 하면 입력단 전력 P_1은 $P_1 = \frac{V_1^2}{Z_1}$이다. 여기서 입력단의 전압 V_1은 $V_1 = \sqrt{P_1 \cdot Z_1}$ 이다. 또한 회로망의 출력임피던스를 Z_2라 하면 출력단의 전력 P_2는 $P_2 = \frac{V_2^2}{Z_2}$이다. 이로부터 출력단의 전압 V_2는 $V_2 = \sqrt{P_2 \cdot Z_2}$ 이므로 전송되는 전력 P는 다음과 같다.

$$P = 10log\frac{P_2}{P_1} = 10log\left[\left(V_2^2/Z_2\right) \ / \ \left(V_1^2/Z_1\right)\right]$$
$$= 20log\frac{V_2}{V_1} + 10log\frac{Z_1}{Z_2}$$

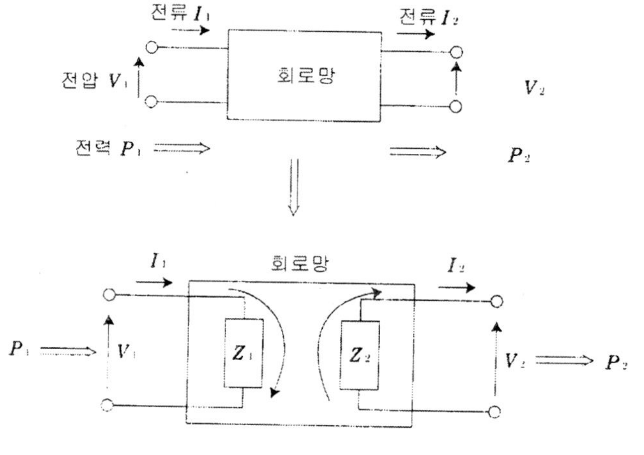

≪그림 8-3≫ 회로망의 입·출력 비

여기서 입력임피던스 Z_1과 출력임피던스 Z_2가 같다고 하면, 입력 전압의 크기 V_1에 대한 출력 전압의 크기 V_2로부터 전송되는 전압량 V는 다음과 같다.

$$V = 20log\frac{V_2}{V_1} \ \text{[dB]}$$

같은 방법으로 입력 전류의 크기를 I_1이라 하고 출력 전류의 크기를 I_2라 하면 전송되는 전류의 량 I는 다음과 같다.

$$I = 10log\frac{I_2}{I_1} \text{ [dB]}$$

(2) dBm의 단위에 대해서

$[dBm]$은 $1mW$의 전력을 기준으로 했을 때 이것을 $0dBm$으로 나타낸 것이다. 예를 들어 측정된 전력이 $10mW$라고 하면

$$\begin{aligned} P &= 10log\ (10mW/1mW) \\ &= 10dBm \end{aligned}$$

이 된다.

또 그림 8-4에 보이는 50Ω의 입력저항을 지닌 스펙트럼 분석기로 측정된 전력(50Ω의 양단)이 10dBm(10mW)으로 표시된다면 50Ω의 양단에 걸리는 전압 v는 $P = \frac{v_2}{Z}$의 관계로부터 $v_2 = 0.5$ [V]이다. 이 전압값 v_2는 실효치이므로 이를 순시치로 나타내면 $v = \sqrt{2} \times 0.5 = 0.707$ [V]이 된다.

또 전류 i는 $i = \frac{0.707}{50} = 14.1mA$가 된다. 이것은 50Ω의 저항에 $14.1mA$의 전류가 흘러 전압이 $0.707V$발생하고 전력이 $10mW$발생한 것을 의미한다.

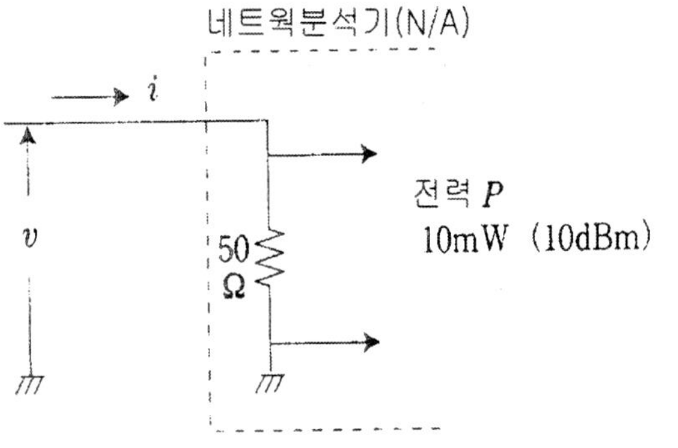

≪그림 8-4≫ 수신된 전력

(3) $dB\mu V$의 단위에 대해서

$dB\mu V$의 단위는 $1\mu V$의 전압을 기준으로 해서 이것을 $0dB\mu V$로 표시한다.

$10\mu V$는 $20log\frac{10\mu V}{1\mu V} = 20dB\mu V$

$100\mu V$는 $20log\frac{100\mu V}{1\mu V} = 40dB\mu V$가 된다.

(4) dB 표시의 편리성

그림 8-5처럼 1000배의 증폭기 A_1, $\frac{1}{100}$의 감쇠기 R, 10000배의 증폭기 A_2로 이루어진 전송회로에 신호를 입력했을 때 출력되는 신호는 각각의 증폭도와 감쇄율을 곱해서 다음과 같이 된다.

$$A_1 \times R \times A_2 = 1000 \times \frac{1}{100} \times 10000 = 100000\text{배}$$

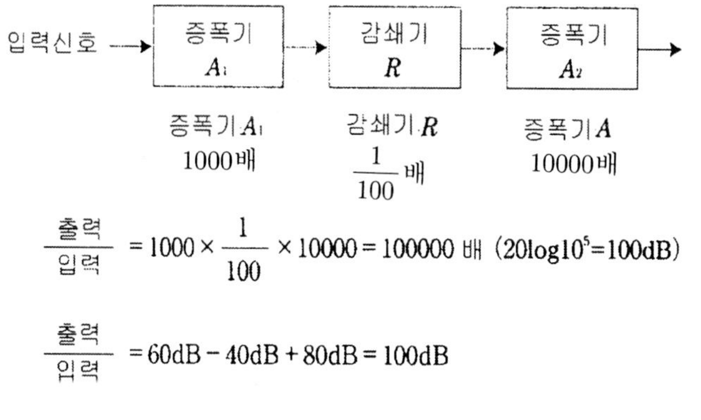

≪그림 8-5≫ dB 표시의 편리성

이 100,000를 dB로 표시하면 $20log10^5 = 100dB$가 된다.

또한 전체의 입력에 대한 출력의 레벨은 다음과 같다.

$$20log(A_1 \times R \times A_2) = 60dB + (-40dB) + 80dB = 100dB$$

이렇게 dB로 나타내면 표시의 폭을 작게 하고 큰 자릿수의 곱셈과 나눗셈을 덧셈과 뺄셈으로 계산할 수 있어 매우 편리하다.

8.3 네트워크 분석기(Network Analyzer)

네트워크 분석기는 그림 8-6에 보이는 것처럼 기본적으로 4개의 부분으로 이루어져 있다.

[신호발생기]

네트워크을 해석하기 위한 것으로, 기본적으로는 표준신호를 발생하는 부분으로 스윕오실레이터(sweep oscillator)나 신디사이저(syndysizer)에 해당되는 부분으로 신호발생시키는 부분이다. 측정하는 주파수에 대응하는 안정된 신호를 발생한다(예 : $100MHz \sim 5GHz$). 신호발생기에서는 주파수대역, 출력레벨, 주파수의 정확성, 주파수의 안정도, 잔류 FM등이 중요한 특성이 된다.

[신호분리기]

측정용 부품에 결합시켜 신호를 2개 또는 그 이상으로 분리하는 장치인데 파워스프리터, 방향성결합기 등이 있다.

[신호를 측정하는 수신부]

측정용 장치에서 출력된 신호를 측정하기위해 수신기로 이루어진 부분이다. 이 수신부에 입력되는 신호는 기준신호가 되는 표준신호를 분리한 신호, 측정 장치에서 반사된 신호(이 반사된 신호를 빼내기 위해서 단방향성 결합기를 사용한다)나 측정 장치에 전송할 신호등이다.

[표시부분]

측정한 신호를 액정이나 CRT화면상에 표시하기 위한 부분으로 이루어져 있다. 이 표시부분에는 스미스챠트, 극좌표, 전송특성(진폭과위상) 등을 표시할 수 있다.

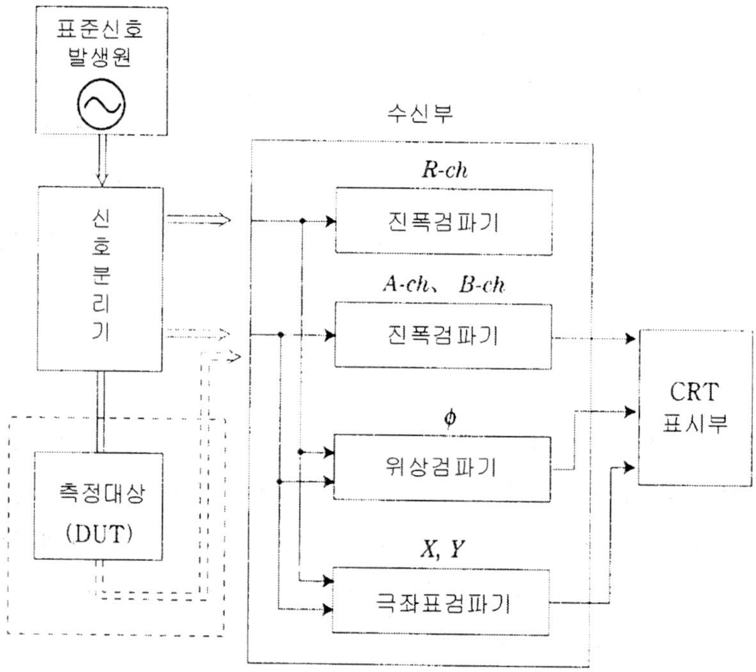

≪그림 8-6≫ 네트웍 분석기의 구성

8.4 네트웍 분석기를 사용하여 고주파 특성을 측정하는 방법

(1) 측정방법

그림 8-7은 신호발생원인 트래킹 제너레이터와 네트웍 에널라이져를 이용하여 측정대상(DUT : Device Under Test)의 반사계수를 측정하는 방법을 나타내고 있다. 이 방법에서는 신호발생원이 트래킹 제너레이터의 신호 S를 DUT에 공급함과 동시에 방

향성결합기를 R port에 연결하여 입력신호가 네트웍 에널라이져의 기준신호 V_R로 입력되게 한다. 한편, DUT에서 반사된 신호 V_A는 방향성결합기를 A port에 연결하여 네트웍 에널라이져로 입력되게 한다. 여기서 방향성결합기는 이상적으로 한 방향으로만 신호를 전송시키고 역방향으로는 신호를 전송시키지 않는 역할을 한다.

네트웍 에널라이져에서는 이 기준신호 V_R과 반사신호 V_A의 크기의 비(比)와 위상차를 수신부에서 계산하고 모니터 상에 DUT의 반사계수 ρ와 임피던스 Z_L 등을 표시한다. 이 때 표시된 값을 읽으면 반사계수 ρ와 임피던스 Z_L을 구할 수 있다.

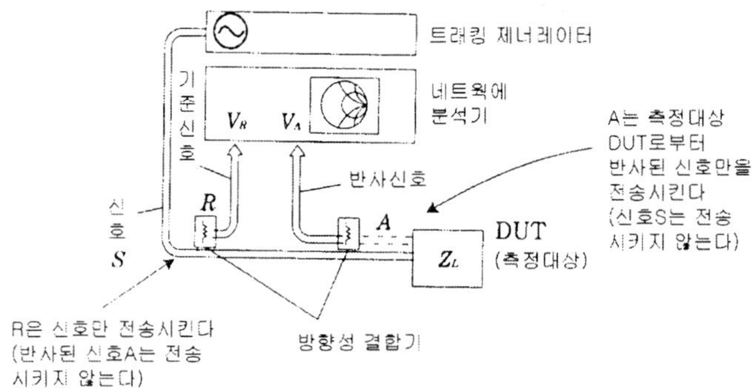

≪그림 8-7≫ 네트웍 분석기를 이용한 반사계수 측정

(1) 반사계수와 투과계수를 측정하는 것에 의해 많은 고주파 파라미터를 구할 수 있다.

일반적으로 네트웍 에널라이져를 이용해 측정할 수 있는 항목을 그림 8-8에 나타냈다. 네트웍 에널라이져는, 측정대상인 회로망에 신호를 입력했을 때의 반사신호와 투과신호의 관계를 계산함으로써 많은 항목들을 측정할 수 있다. 그림 8-8은 신호원으로부터 회로망에 입사파 e_i 입사시켜서 회로망에서 반사되는 반사파 e_r을 측정하여 반사계수 ρ를 구하는 방법을 보여주고 있다.

반사계수를 측정할 수 있으면 회로망의 부하임피던스 Z_L, $R \cdot L$, 정재파비(SWR) 그리고 S 파라미터(S_{11}, S_{22}) 등을 한 번에 계산할 수 있다.

- 부하 임피던스 : $Z_L = Z_0 \cdot \frac{1+\rho}{1-\rho}$ $(Z_0 = 50\Omega)$
- Return Loss : $R \cdot L = -20log|\rho|$
- SWR(정재파비) $= \frac{1+|\rho|}{1-|\rho|}$
- S 파라미터(입력측 반사계수 S_{11}, 출력측 반사계수 S_{22})

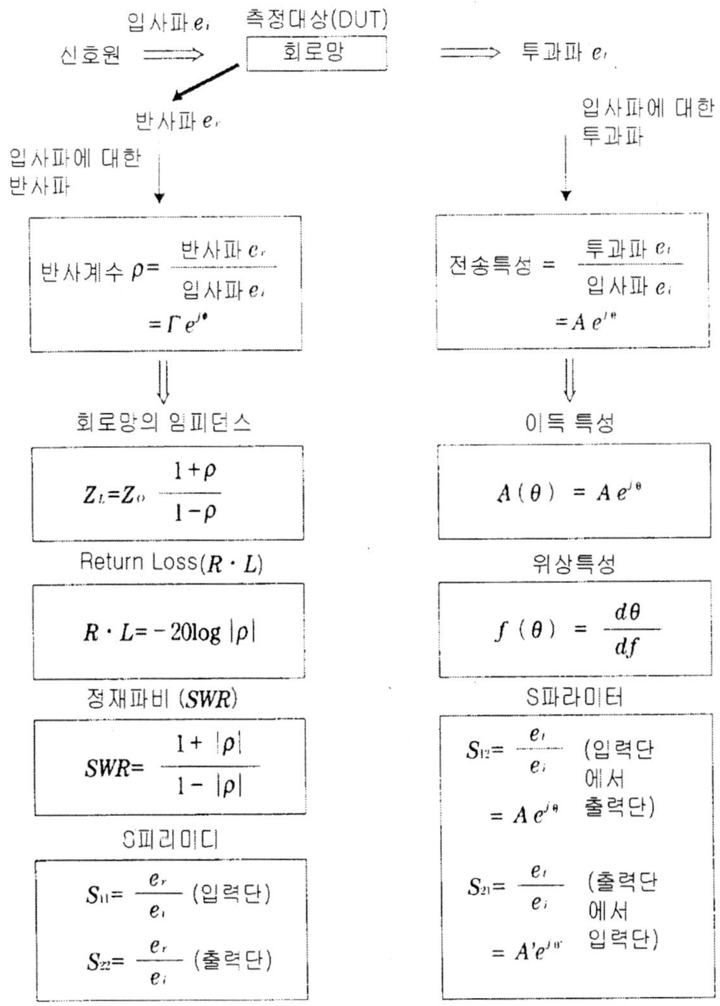

≪그림 8-8≫ 네트워 분석기에 의해 측정 가능한 항목

또한 입사신호에 대한 투과신호의 크기와 위상을 측정하는 것에 의해 다음과 같은 항목들을 구할 수 있다.

- 주파수 - 진폭특성(전송특성) $= \dfrac{e_t}{e_i} = Ae^{j\phi}$
- 주파수 - 위상특성(군지연특성) $= \dfrac{d\theta}{df}$
- S 파라미터(아이솔레이션 특성 S_{12}, 전송특성 S_{21})

8.5 네트워 에널라이져에서 측정오차

전기계측에서는 크든 작든 반듯이 측정에 따른 오차가 발생하는데 특히 네트웍 에널라이져를 이용한 고주파측정에서 발생하는 오차는 다음과 같은 것들이 있다.

- 신호원을 포함한 전송부분의 임피던스매칭에 의한 오차
- 입력신호와 반사신호를 분리하는 방향성결합기의 방향성 오차
- DUT와 방향성결합기와의 인터페이스로부터의 반사에 의한 오차

(1) 네트웍 에널라이져 측정시스템에 있어서의 오차요인

그림 8-9는 네트웍 에널라이져를 이용해 DUT의 반사특성을 측정하는 것을 나타내고 있다. 반사특성을 측정할 때 발생하는 오차는 그림과 같이 ① 신호원과 단방향성결합기와의 임피던스 매칭에 의한 오차, ② 방향성결합기가 지닌 방향성 오차, ③ DUT와 방향성결합기를 연결하는 인터페이스(예를 들어, 케이블과 커넥터 등의 접속부)에 의한 임피던스 매칭 오차 등이다. 이때 임피던스매칭 오차(매질이 다르다)가 있으면 접속부에서 반드시 반사가 발생한다.

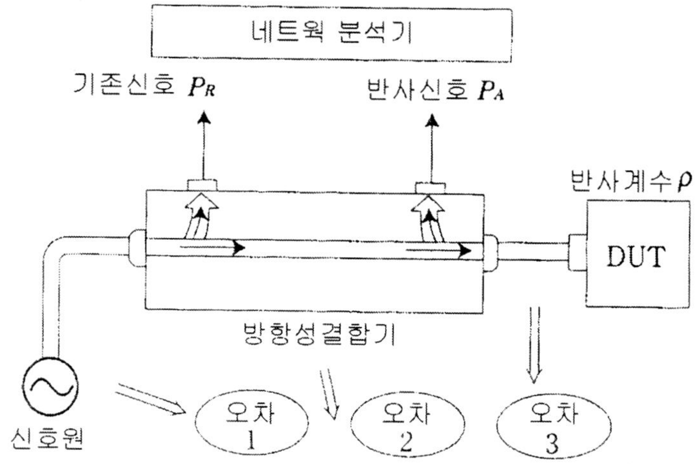

≪그림 8-9≫ DUT의 반사특성을 측정할 때의 오차

(2) 방향성 결합기에 의한 방향성오차

방향성결합기는 신호를 입력했을 때 한쪽 방향으로만 통과시키는 것이 이상적이다. 이때 발생하는 오차는 방향성결합기에 역방향에서 신호를 집어넣었을 때 얼마만큼 누수되어 나오는지를 나타낸다.

그림 8-10 (a)는 입력신호 P를 단방향성결합기에 입력했을 때 입사 포트 P_R로부터는 순방향의 신호 P_R이 출력되고, 역방향의 반사 포트 P_A로부터는 누수된 신호 P_X가 나타난다.('0'이 이상적이다).

한편 입력신호 P를 반사 포트 측에서 단방향성결합기로 입력했을 때는 반사 포트 P_A로부터는 순방향의 신호 P_R이 출력되고 신호 P에 대해서 역방향인 포트 P_R로부터는 누수된 신호 P_X가 출력된다('0'이 이상적이다).

이 누수된 신호는 방향성이 있는 신호에 대해서 측정오차가 된다. 측정오차는 측정해야하는 진짜 신호에 대해 크기와 위상을 갖기 때문에 그림 8-10(c)와 같이 나타낼 수 있다.

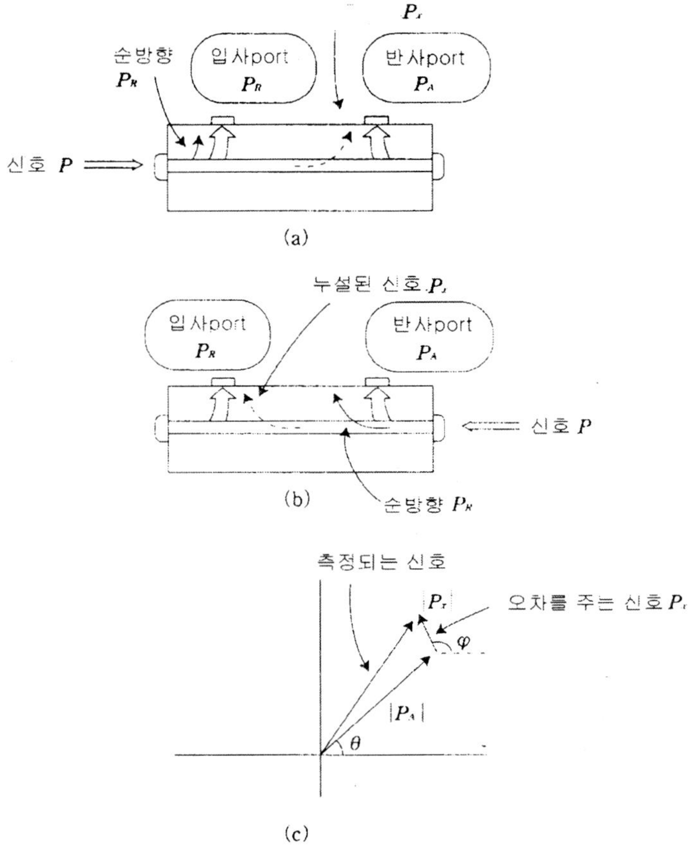

≪그림 8-10≫ 방향성결합기에 의한 방향성 오차

(3) 인터페이스에 의해 발생하는 측정오차

그림 8-11과 같이 방향성결합기와 DUT를 접속하기 위한 인터페이스(측정하기위해 필요한 케이블이나 커넥터)가 있는 경우는 케이블이나 커넥터의 특성임피던스에 의해 임피던스 부정합이 발생되어 a의 부분에서는 입사신호 P에 대한 반사계수 ρ_1의 관계로부터 반사신호 $P \cdot \rho_1$이 발생한다.

DUT에서 반사된 원래의 반사신호 P_A에 오차에 의해서 발생한 반사 신호가 더해지게 된다. 반사신호가 작은 DUT를 측정할 경우는 케이블의 특성임피던스를 측정시스템의 임피던스와 맞추는 것과 커넥터의 특성임피던스가 정밀하게 관리되어 있는 것을 사용할 필요가 있다(VSWR의 값이 작게, 주파수특성이 좋은 것, 어느 범위까지의 VSWR을 구할 수 있을지는 전자기기의 시스템에서 필요한 주파수나 신호의 반사 및 전력 손실 등을 고려해서 결정할 필요가 있다).

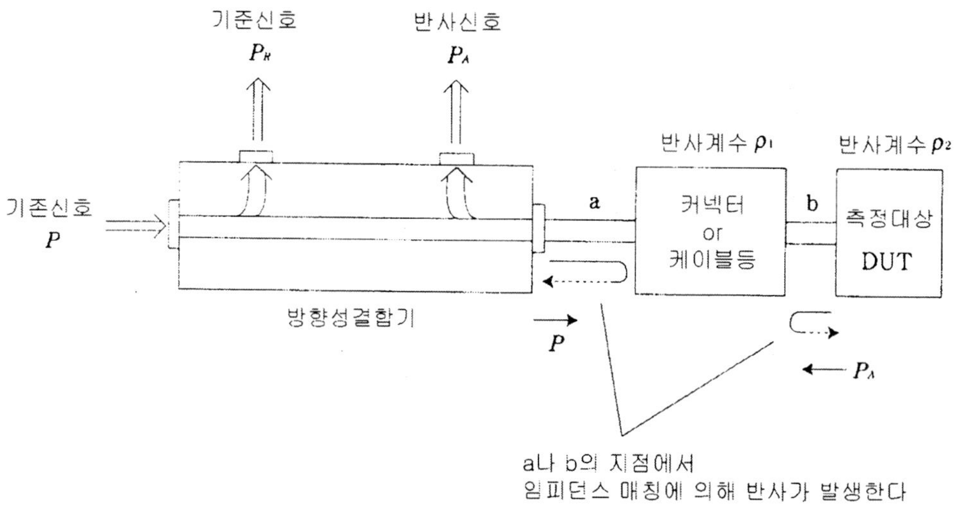

≪그림 8-11≫ 측정 시스템의 인터페이스에 의해 발생하는 반사

9

고주파를 이해하기 위한 수학

고주파기술을 이해할 때 필요한 수학에 대해 설명한다. 여기서는 복소수, 삼각함수의 기본, 회로망의 전송특성을 이해하기 위한 교류신호의 크기와 위상의 표현, 분포정수회로를 이해하기 위한 2차미분방정식, 주기를 갖는 파에 포함되어 있는 주파수성분을 해석하기 위한 푸리에 급수에 대해 학습한다.

9.1 복소수와 삼각함수

(1) 복소수 도입의 편리성

$x^2 = 5$를 만족하는 x의 값은 $\pm\sqrt{5}$이고 실수이다. 반면 $x^2 = -5$가 되는 x의 값은 존재하지 않기 때문에 허수 i를 도입해서 $i^2 = -1$로 정의하면, $x^2 = 5i^2$이 된다. 이것을 풀면 $x = \pm\sqrt{5}i$가 된다.

그림 9-1에는 점 $P(1, 2)$ 좌표의 가로축은 실수축이고 세로축은 허수축을 나타내고 있다. 여기서 허수축은 i라 한다. P점의 위치는 허수 i를 이용하면 $1+2i$가 된다. 이 점은 원점으로부터의 거리와 실축과 이루는 각을 포함하는 벡터가 된다. 전기관계에서는 전류에 i를 이용하기 때문에 일반적으로 j로 나타낸다($j^2 = -1$). 원점 0와 P점의 거리는 $\sqrt{5}$이고, P점의 실축과의 각도는 $tan\theta = 2$를 만족시키는 $\theta = tan^{-1}(2) = 63.4°$가 된다.

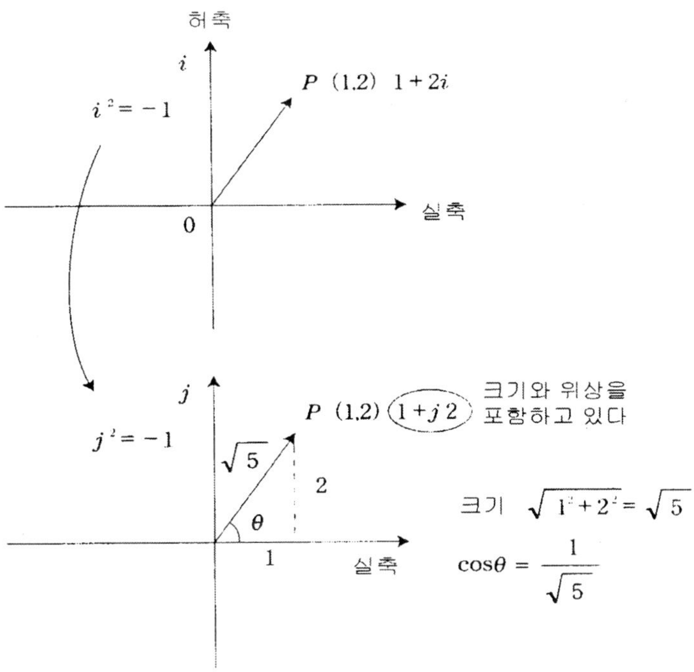

≪그림 9-1≫ 복소 평면에서 점 P의 표기

그림 9-2에서 점 P의 크기를 A라 하고 실수축 R과 이루는 각도를 θ라 하면, P점의 좌표는 $(Acos\theta, Asin\theta)$이 된다. P점의 위치를 벡터로 나타내면

$$Acos\theta + jAsin\theta = A(cos\theta + jsin\theta) = Ae^{j\theta}$$

로 나타낼 수 있다.

여기서 $cos\theta + jsin\theta = e^{j\theta}$가 되는 것은 다음에 설명하겠다.

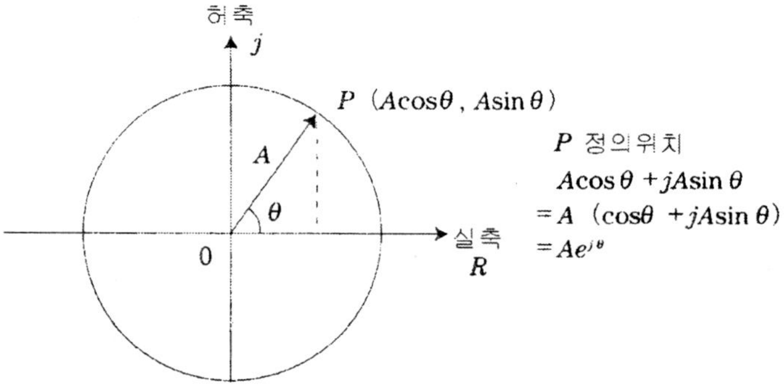

≪그림 9-2≫ 점 P의 크기 A와 위상 θ의 표기

(2) $cos\theta + jsin\theta = e^{j\theta}$의 증명

우변에 대해서 $y = e^{j\theta}$라 하고 θ에 대해 미분하면 $\frac{dy}{d\theta} = je^{j\theta}$이다.

또 좌변을 $x = cos\theta + jsin\theta$라하고 θ에 대해 미분하면,

$$\begin{aligned}\frac{dx}{d\theta} &= -sin\theta + jcos\theta \\ &= j^2 sin\theta + jcos\theta \quad (-1 = j^2) \\ &= j(jsin\theta + cos\theta) \\ &= je^{j\theta} \\ &= \frac{dy}{d\theta}\end{aligned}$$

이것으로 위의 식이 성립함을 알 수 있다. 이식을 오일러의 공식이라 한다. 여기서

θ를 $-\theta$라 두면 다음과 같이 된다.

$$\cos(-\theta) + j\sin(-\theta) = \cos\theta - j\sin\theta$$
$$\therefore \ \cos\theta - j\sin\theta = e^{-j\theta}$$

오일러의 공식을 이용하면 삼각함수의 공식을 쉽게 증명할 수 있다.

(3) $\sin^2\theta + \cos^2\theta = 1$의 증명

이 식을 도출하는 데는 피타고라스의 정리를 이용해서 증명할 수도 있으나 여기서는 복소수로 표현된 오일러의 공식을 이용해 생각해보기로 하자.

$$\begin{aligned} \sin^2\theta + \cos^2\theta &= \cos^2\theta - j^2\sin^2\theta \quad (j^2 = -1) \\ &= (\cos\theta + j\sin\theta)\ (\cos\theta - j\sin\theta) \\ &= e^{j\theta} \times e^{-j\theta} \\ &= e^{j\theta - j\theta} = e^0 = 1 \end{aligned}$$

(4) $\cos 2\theta = 2\cos^2\theta - 1 \ (1 - 2\sin^2\theta)$의 증명

$$e^{j\theta} = \cos\theta + j\sin\theta$$
$$e^{-j\theta} = \cos\theta - j\sin\theta$$

위의 두 식을 더해서 $\cos\theta$에 대해 풀면,

$$2\cos\theta = e^{j\theta} + e^{-j\theta}$$

이 된다.

위 식의 양변을 자승하면,

$$\begin{aligned} 4\cos^2\theta &= (e^{j\theta} + e^{-j\theta})^2 \\ &= e^{j2\theta} + 2e^{j\theta} \cdot e^{-j\theta} + e^{-j2\theta} \end{aligned}$$

$$= cos2\theta + jsin2\theta + 2e^0 + cos2\theta - jsin2\theta$$
$$= 2cos2\theta + 2$$
$$\therefore\ cos2\theta = 2cos^2\theta - 1$$
$$= 2(1 - sin^2\theta) - 1$$
$$= 1 - 2sin^2\theta$$

9.2 교류신호의 크기와 위상 표기법

(1) 교류신호를 크기 A와 위상 θ로 나타내는 것이 편리한 이유

그림 9-3(a)에서 점 P의 크기를 A(OP의 길이)라 하고, 실수축 R과의 각도를 θ라 하면 P점의 좌표는($Acos\theta$, $Asin\theta$)가 된다. P점의 위치는 벡터로 표현하면 $Acos\theta + jAsin\theta = A(cos\theta + jsin\theta) = Ae^{j\theta}$로 나타낼 수 있다.

점 P가 반시계방향으로 각도 θ가 단위시간 t로 진행하는 속도 ω(각도가 진행하는 속도 : 각속도 ω)는 $\omega = \dfrac{d\theta}{dt}$로 나타낼 수 있다. 이 각도 θ에 대한 신호의 변화를 나타내면 그림 9-3(b)와 같은 정현파가 된다. 이것은 세로축 $Asin\theta$의 변화를 각도 θ의 변화에 따라서 나타낸 것이다. 이것을 가로축 $Acos\theta$의 변화로 나타내면 위상 θ가 $0°$ 인 곳에서 진폭이 A가 된다. 다시 말해 교류신호는 크기 A와 위상 θ로 결정되는 벡터양이므로 P점을 $Acos\theta + jAsin\theta = Ae^{j\theta}$로 표현될 수 있다.

어떤 특정의 주파수 f에서 증폭도가 B, 위상이 ϕ인 회로망(회로망의 전달함수라 부르고, $Be^{j\phi}$로 표현할 수 있다)에 위에서 설명한 정현파신호 $Ae^{j\theta}$를 더했을 경우, 회로망에서 출력되는 신호는 그림 9-4에 보이는 것처럼 2가지 교류신호 $Ae^{j\theta}$와 $Be^{j\phi}$를 곱한 $Ae^{j\theta} \cdot Be^{j\phi} = A \cdot Be^{j(\theta+\phi)}$가 된다. 즉 교류신호의 크기는 $A \cdot B$의 곱셈이 되고, 위상은 덧셈 $(\theta + \phi)$으로 구할 수 있어 매우 편리해진다. 나눗셈의 경우에도

$\frac{Ae^{j\theta}}{Be^{j\phi}} = \frac{A}{B}e^{j(\theta-\phi)}$가 되어 매우 편해진다.

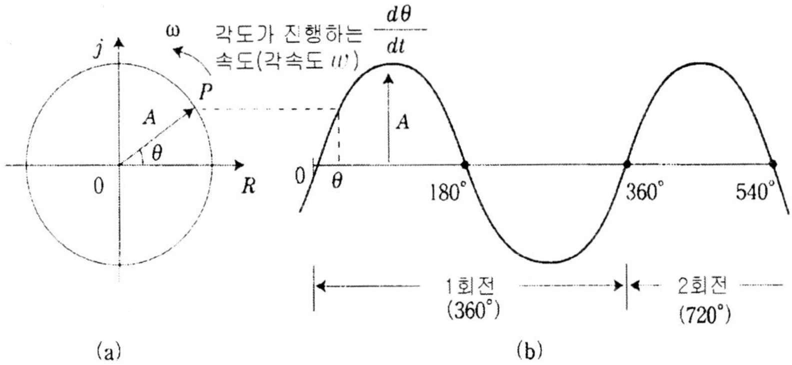

《그림 9-3》 각속도 ω인 교류신호의 진폭 A와 위상 θ

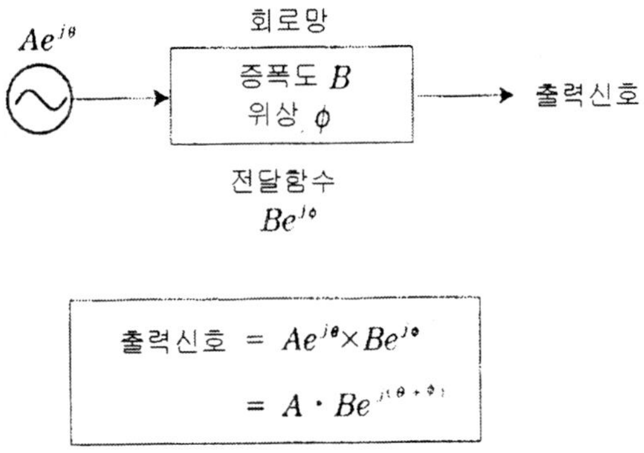

《그림 9-4》 복소수와 회로망

9.3 퓨리에 급수

sin이나 cos으로 표현되는 정현파 이외의 파형을 왜형파(歪型波)라 한다. 이 왜형파가 일정한 주기 $T(1/f = 2\pi/\omega)$로 반복될 때, 이 왜형파파는 정현파(sin) 주파수의 정수배를 가산한 것이 된다. 이것을 퓨리에 급수로 전개할 수 있다고 한다.

예를 들면 실제로 사용되는 $10MHz$의 구형파는 $10MHz$의 정현파, $20MHz$의 정현파, $30MHz$의 정현파, ⋯ $10MHz \times n$배의 정현파를 더한 것이다.

이 왜형파파를 $y(t)$라 하면 직류성분 a_0와 크기 A_n을 갖고 위상성분 θ_n을 지닌 n배 주파수의 정현파로 표현할 수 있기 때문에 다음과 같이 나타낼 수 있다.

$$y(\omega t) = a_0 + \sum_{n=1}^{\infty} A_n sin(n\omega t + \theta_n)$$
$$= a_0 + A_1 sin(\omega t + \theta_1) \ [\text{기본파}] + A_2 sin(2\omega t + \theta_2) \ [\text{2배고조파}] +$$
$$A_3 sin(3\omega t + \theta_3) \ [\text{3배고조파}] + \cdots\cdots\cdots\cdots$$

여기서 $sin(\alpha + \beta) = sin\alpha cos\beta + cos\alpha sin\beta$의 공식을 이용해

$$y(\omega t) = a_0 + A_1(sin\omega t cos\theta_1 + sin\theta_1 cos\omega t) + A_2(sin2\omega t cos\theta_2$$
$$+ sin\theta_2 cos2\omega t) + \cdots\cdots\cdots\cdots$$
$$= a_0 + A_1 sin\omega t cos\theta_1 + A_1 sin\theta_1 cos\omega t + A_2 sin2\omega t cos\theta_2$$
$$+ A_2 sin\theta_2 cos2\omega t + \cdots\cdots\cdots\cdots$$

$A_1 cos\theta_1 = a_1$, $A_2 cos\theta_2 = a_2$, $A_1 sin\theta_1 = b_1$, $A_2 sin\theta_2 = b_2$, (각주파수 ω에 관계없이 일정) ⋯⋯로 두면 $y(\omega t)$는 다음처럼 기본파, 2배 고조파, 3배 고조파, ⋯⋯의 sin과 cos의 합으로 전개할 수 있기 때문에 다음과 같이 푸리에 급수로 나타낼 수 있다.

$$y(\omega t) = a_0 + a_1 sin\omega t + b_1 cos\omega t + a_2 sin2\omega t + b_2 cos2\omega t + \cdots\cdots\cdots$$
$$= a_0 + \sum_{n=1}^{\infty} (a_n sinn\omega t + b_n cosn\omega t)$$

여기서 간단하게 하기위해 $\omega t = \phi$라 하면 식 (9.1)이 된다.

$$y(\phi) = a_0 + \sum_{n=1}^{\infty} (a_n sinn\phi + b_n cosn\phi) \qquad (9.1)$$

여기서 계수 a_0, a_n, b_n에 대해 다음과 같이 구할 수 있다.

(1) a_0를 구한다.

식 (9.1)을 0에서 2π까지(1주기 T) 적분하면

$$\int_0^{2\pi} y(\phi)\ d\phi = \int_0^{2\pi} a_0 d\phi + \sum_{n=1}^{\infty}\int_0^{2\pi}(a_n sinn\phi + b_n cosn\phi)d\phi$$

$$\int_0^{2\pi} a_0 d\phi = 2\pi a_0$$

$\sin n\phi, \cos n\phi$를 한 주기 동안 적분하면 0이 된다.

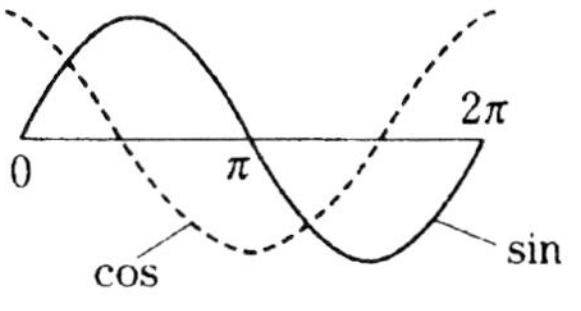

따라서 $a_0 = \dfrac{1}{2\pi}\displaystyle\int_0^{2\pi} y(\phi)\ d\phi$

(2) 계수 a_n을 구한다.

식 (9.1)의 양변에 $sinn\phi$를 곱하여, 0에서 2π까지 적분하면,

$$\int_0^{2\pi} y(\phi)sinn\phi\ d\phi = \int_0^{2\pi} a_0 sinn\phi\ d\phi + \sum_{n=1}^{\infty}\int_0^{2\pi}(a_n sin^2 n\phi + b_n sinn\phi cosn\phi)d\phi$$

$$cos2n\phi = 1 - 2sin^2 n\phi\ (= 2cos^2 n\phi - 1),\ sin2n\phi = 2sinn\phi cosn\phi$$

$$= 0 + \sum_{n=1}^{\infty}\int_0^{2\pi}\left\{\frac{a_n}{2}(1 - cos2n\phi) + \frac{b_n}{2} sin2n\phi\right\}d\phi$$

$$= \pi a_n$$

$$\therefore\ a_n = \frac{1}{\pi}\int_0^{2\pi} y(\phi)\ sinn\phi d\phi$$

(3) 계수 b_n을 구한다.

식 (9.1)의 양변에 $cosn\phi$를 곱하여 0에서 2π까지 적분하면,

$$\int_0^{2\pi} y(\phi)cosn\phi\ d\phi = \int_0^{2\pi} a_0 cosn\phi\ d\phi + \sum_{n=1}^{\infty}\int_0^{2\pi}(a_n sinn\phi cosn\phi + b_n cos^2 n\phi)d\phi$$

$$= 0 + \sum_{n=1}^{\infty}\int_0^{2\pi}\left\{\frac{a_n}{2} sin2n\phi + \frac{b_n}{2}(1 - cos2n\phi)\right\}d\phi$$

$$= \pi b_n$$

$$\therefore \; b_n = \frac{1}{\pi}\int_0^{2\pi} y(\phi)\ cosn\phi d\phi$$

주기 $T = 2\pi$라 하면 다음과 같다.

$$a_0 = \frac{1}{T}\int_0^{T} y(\phi)\ d\phi$$

$$a_n = \frac{2}{T}\int_0^{T} y(\phi)\ sinn\phi d\phi$$

$$b_n = \frac{2}{T}\int_0^{T} y(\phi)\ cosn\phi d\phi$$

이제 $y(\phi)$가 다음 그림처럼 크기 A, 주기 T, 푸티비 50%일 때 구형파의 주파수스펙트럼을 구한다.

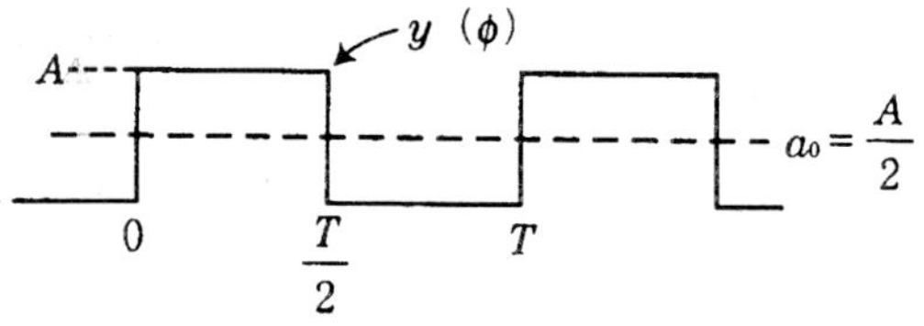

$$0 \leqq \phi \leqq \frac{T}{2} \text{ 일 때 } y(\phi) = A$$

$$\frac{T}{2} \leqq \phi \leqq T \text{ 일 때 } y(\phi) = 0$$

첫 번째 각각의 계수 a_0, a_n, b_n을 구한다.

$$a_0 = \frac{1}{T}\left(\int_0^{\frac{T}{2}} A\ d\phi + \int_{\frac{T}{2}}^{T} 0\ d\phi\right) = \frac{A}{2} \text{ (직류성분)}$$

$$a_n = \frac{2}{T}\left(\int_0^{\frac{T}{2}} Asinn\phi d\phi + \int_{\frac{T}{2}}^{T} 0\ d\phi\right) = \frac{2A}{nT}\left(1 - cos\frac{n}{2}T\right) \ (T = 2\pi)$$

$$= \frac{4A}{nT}(n = 1,\ 3,\ 5, \cdots\cdots) \longrightarrow \text{ 기수차의 스펙트럼이 존재한다}$$

$$= 0(n = 2,\ 4,\ 6, \cdots\cdots) \longrightarrow \text{ 우수차의 스펙트럼은 없다.}$$

$$b_n = \frac{2}{T}\left(\int_0^{\frac{T}{2}} Acosn\phi d\phi + \int_{\frac{T}{2}}^{T} 0 d\phi\right)$$

$$= \frac{2A}{nT}\sin\frac{n}{2}T \ (T = 2\pi) \ = 0$$

이것으로부터 구형파 $y(\phi)$는 다음과 같이 나타내진다.

$$y(\phi) = \frac{A}{2} + \frac{4A}{T}\sum_{n=1}^{\infty}\frac{1}{n}sinn\phi \ \ (T = 2\pi)$$

$$= \frac{A}{2} + \frac{2A}{\pi}\left(sin\phi + \frac{1}{3}sin3\phi + \frac{1}{5}sin5\phi + \cdots\cdots\right)$$

9.4 2차미분방정식의 풀이

(1) 2차미분방정식

제 4장에서도 이미 언급했듯이 단위구간에서 전송하는 방향과 GND 사이에 회로정수가 분포하는 경우 2차 미분방정식으로 이를 나타낼 수 있다. 이 2차 미분방정식을 풀면 진행파와 반사파가 동시에 존재하고 거리 dx 양단의 전위차가 없는 집중정수회로에서는 반사파가 발생하지 않음을 알 수 있다.

일반적으로 2차미분방정식은 다음과 같이 나타낼 수 있다.

$$\frac{d^2y}{dx^2} = k^2y \tag{9.2}$$

식 (9.2)를 풀 때 여러 번 미분해도 그 형태가 변하지 않는 함수 중에 지수함수 $y = Ae^{Bx}$와 같은 것이 있다. 이 지수함수를 x에 대해 미분하면

$$\frac{dy}{dx} = \left\{\frac{d}{dx}(Bx)\right\}Ae^{Bx} = BAe^{Bx}$$

이고, 한 번 더 미분하면

$$\frac{d^2y}{dx^2} = \left\{\frac{d}{dx}(Bx)\right\}BAe^{Bx} = AB^2e^{Bx}$$

가 된다. 여기서 구한 값을 식 (9.2)에 대입하면

$$AB^2e^{Bx} = k^2y = k^2Ae^{Bx}$$

이므로 $B^2 = k^2$이고 $B = \pm k$가 된다.

이것은 식 (9.2)에는 Ae^{kx}와 Ae^{-kx}의 2개의 해가 존재한다는 것을 의미하므로 다음과 같이 나타낼 수 있다.

$$y = Ae^{kx} + Ae^{-kx}$$

Ae^{kx}는 그림 9-5에 나타냈듯이 x가 커지면 그 값이 커지고 Ae^{-kx}는 x가 작아지면 값이 커진다. 결국 식 (9.2)의 2차미분방정식에는 Ae^{kx}와 Ae^{-kx}가 동시에 존재하게 된다. 여기서 A를 구하기 위해서는 $x = 0$일 때의 경계조건을 계산함으로써 위 식을 구할 수 있다. 예를 들면 $x = 0$에서 y의 값이 D라면 $D = A + A = 2A$가 되어 $A = D/2$가 된다. 그러므로 2차미분방정식의 해는, $y = \frac{D}{2}(e^{kx} + e^{-kx})$ 이 된다.

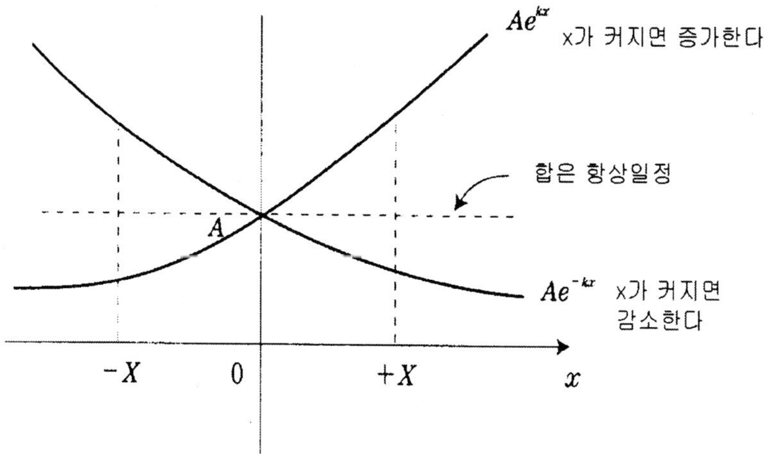

《그림 9-5》 2차 미분방정식의 해

9.5 회로망의 전달함수를 구하기

(1) 전달함수

그림 9-6(a)에 보이는 간단한 RC적분회로의 전달함수를 구한다. 전달함수란 입력에 더해지는 신호의 레벨을 일정하게 하고 주파수를 변화시켰을 때에 출력되는 신호의 진폭이 어떻게 변화하는지 (진폭특성), 또 입력신호의 위상에 대해 출력신호의 위상이 어떻게 변화하는지(위상특성)를 나타낸 것으로 그림 9-6(b)와 같다. 이 RC적분회로의 전달함수를 구하면 다음과 같이 된다.

$$\frac{V_o}{V_i} = \frac{\frac{1}{j\omega C}}{R + \frac{1}{j\omega C}} = \frac{1}{1 + j\omega CR}$$

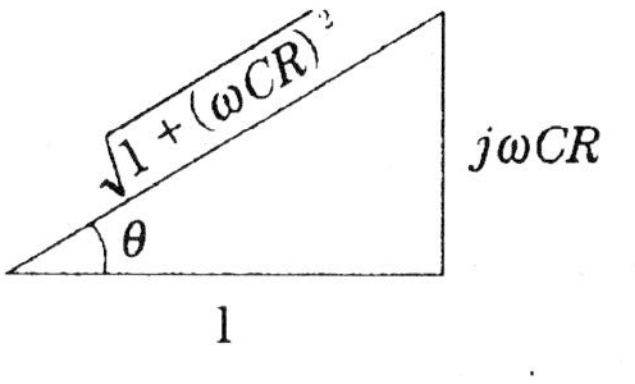

여기서,

$$\begin{aligned}1 + j\omega CR &= \sqrt{1+(\omega CR)^2}cos\theta + j\sqrt{1+(\omega CR)^2}sin\theta \\ &= \sqrt{1+(\omega CR)^2}\,(cos\theta + jsin\theta) \\ &= \sqrt{1+(\omega CR)^2}e^{j\theta} \quad (e^{j\theta} = cos\theta + jsin\theta \text{ 오일러의 공식})\end{aligned}$$

따라서

$$\frac{V_o}{V_i} = \frac{1}{\sqrt{1+(\omega CR)^2}e^{j\theta}} = \frac{1}{\sqrt{1+(\omega CR)^2}}e^{-j\theta} \tag{9.3}$$

위상 θ에 대해서는 $tan\theta = \omega CR,\ \theta = tan^{-1}\omega CR$이 된다.

식 (9.3)에서 $\omega CR = 1$ $(2\pi fCR = 1)$일 때,

$f_c = \frac{1}{2\pi CR}$ $(-3dB)$에서 $\frac{V_o}{V_i} = \frac{1}{\sqrt{2}}e^{-j\frac{\pi}{4}}$이 된다.

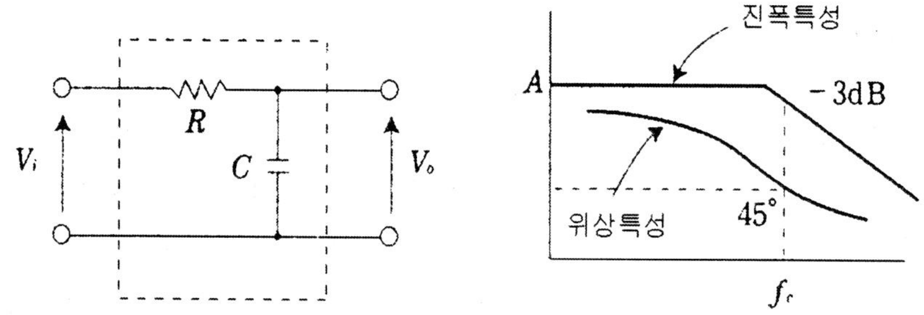

(a) 전송회로 (b)

≪그림 9-6≫ 전송회로의 주파수특성

이와 같이 전달함수는 크기(진폭)와 위상차 θ를 함께 표현하면 매우 편리해진다. 예를 들어 그림 9-7 (a)와 같이 입력신호 V_i를 크기 A, 위상 ϕ를 지닌 신호 $V_i = Ae^{j\phi}$로 RC 적분회로에 입력하면 출력신호 V_o는 입력신호와 RC 적분회로의 전달함수의 곱으로 다음과 같이 표현된다.

$$V_o = Ae^{j\phi} \times \frac{1}{\sqrt{1+(\omega CR)^2}}e^{-j\theta}$$

$$= \frac{A}{\sqrt{1+(\omega CR)^2}}e^{j(\phi-\theta)} \quad (tan\theta = \omega CR,\ \theta = tan^{-1}(\omega CR))$$

여기서 진폭은 $\frac{A}{\sqrt{1+(\omega CR)^2}}$, 위상은 $(\phi - \theta)$이다. 이것을 그래프로 나타내면 그림 9-7(b)와 같이 된다.

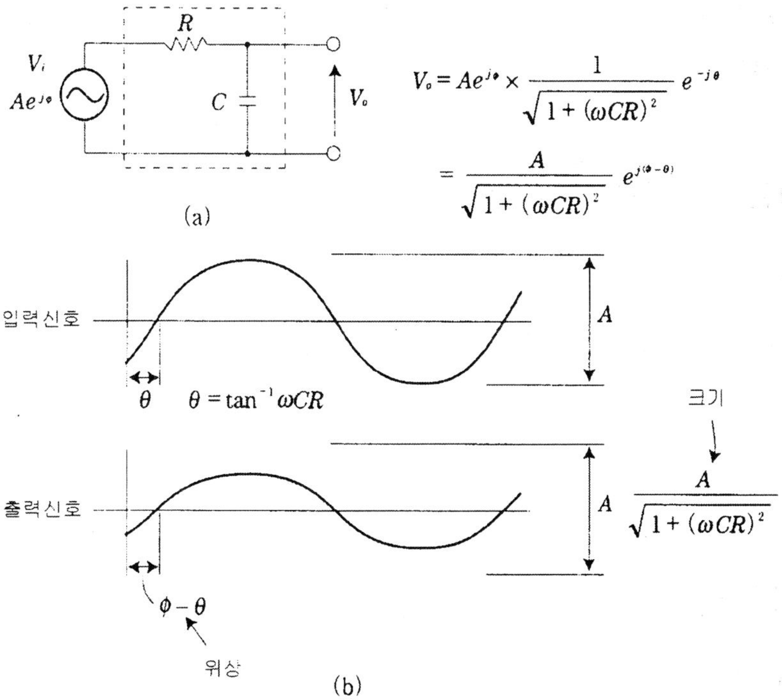

≪그림 9-7≫ 입력 신호에 대한 출력신호의 크기와 위상

9.6 라플라스 변환

시간함수의 영역, 예를 들어 주기적으로 반복되는 신호를 주파수의 영역(주파수 스펙트럼으로 나타낸다. : 어떠한 정현파신호가 포함되어 있는지)으로 변환하는 것이 퓨리에 변환이다. 한편, 시간영역의 함수 $f(t)$에 e^{-st}($s > 0$, s는 복소수)를 곱해서 0에서 ∞까지 적분하면 s영역(복소수의 영역)으로 변환한 것이 된다. 이를 라플라스 변환이라 하고 다음 식으로 나타낸다.

$$F(s) = \mathcal{L}f(t) = \int_0^{\infty} f(t)e^{-st}dt \qquad (s = \sigma + j\omega)$$

또, $F(s)$로부터 $f(t)$를 구하는 변환을 $f(t)=\mathcal{L}^{-1}\{F(s)\}$ 라 쓰고 라플라스 역변환이라 한다.

(1) 라플라스변환의 계산 예

① 정수 A

$$F(s)=\int_0^\infty f(t)e^{-st}dt=A\left[-\frac{e^{-st}}{s}\right]_0^\infty=\frac{A}{s}$$

② 지수함수 $e^{-\alpha t}$

$$F(s)=\int_0^\infty e^{-\alpha t}e^{-st}dt=\int_0^\infty e^{-(\alpha+s)t}dt=\left[-\frac{e^{-(\alpha+s)t}}{(\alpha+s)}\right]_0^\infty=\frac{1}{\alpha+s}$$

지수함수 $e^{\alpha t}$의 라플라스변환은 $\dfrac{1}{s-\alpha}$이 된다.

③ 미분함수 $f'(t)$

$$F(s)=\int_0^\infty f'(t)e^{-st}dt=[f'(t)e^{-st}]_0^\infty-(-s)\int_0^\infty f(t)e^{-st}dt$$

$$=sF(s)-f(0)$$

(2) 적분회로에 단위 계단 신호를 입력했을 때 출력신호

그림 9-8에 보이는 것처럼 진폭 A의 단위계단신호 A를 RC적분회로에 더했을 때의 응답(출력신호)을 구한다. 신호를 인가하기 전에 콘덴서 C에는 전하가 축적되어 있지 않은 것으로 간주한다.

단위계단신호를 더했을 때 적분회로에 흐르는 전류를 i라 하면 다음식이 성립한다.
(더해진 전압=저항R에 발생하는 전압 + 콘덴서 C에 발생하는 전압)

$$A=R\cdot i+\frac{1}{C}\int idt$$

콘덴서에 축적되는 전하를 q라 하면 $q=\int idt$ 가 되고 전류 i는 전하 q를 미분해서

$\frac{dq}{dt}$가 되기 때문에 위 식은 다음과 같이 된다.

$$R\frac{dq}{dt} + \frac{1}{C}q = A \tag{9.4}$$

이것은 전하 q에 관한 미분방정식이다. 일반적으로 이 미분방정식을 푸는 것에 의해 전하 q를 구한 다음 전하를 미분해서 전류 i 를 구할 수 있다. 여기서는 라플라스변환을 이용해 이 미분방정식을 풀기로 한다.

식 (9.4)의 양변을 라플라스변환하면 다음과 같다.

$$R \cdot s \cdot q(s) + \frac{1}{C}q(s) = \frac{A}{s}$$

$$q(s)(s + \frac{1}{CR}) = \frac{A}{Rs}$$

이것을 $q(s)$에 대해서 다시 풀면 다음과 같다.

$$\begin{aligned} q(s) &= \frac{A}{Rs}\left(\frac{1}{s + \frac{1}{CR}}\right) \\ &= CA\left(\frac{1}{s} - \frac{1}{s + \frac{1}{CR}}\right) \end{aligned} \tag{9.5}$$

이 식을 s 영역으로부터 시간영역으로 되돌리기 위해서 역 라플라스변환을 식 (9.5)에 적용하면

$$q(t) = CA(1 - e^{-\frac{1}{CR}t})$$

이 되므로 최종적으로 출력신호 다음식과 같이 구할 수 있다.

$$V_0(t) = \frac{q(t)}{C} = A(1 - e^{-\frac{1}{CR}t})$$

이렇게 라플라스변환을 이용함으로써 간단하게 회로의 계단응답을 구할 수 있다.

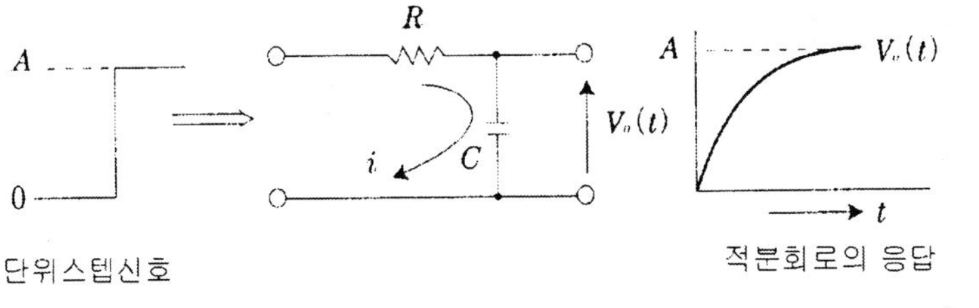

≪그림 9-8≫ 적분회로에 단위 스텝 신호를 인가했을 때의 응답

(3) 인덕턴스의 임피던스와 콘덴서의 임피던스

미분하는 것은 s를 곱하는 것이 되고, 적분하는 것은 s로 나누는 것이 된다. 다시 표현하면

$$\frac{d}{dt} = s, \int dt = \frac{1}{s}$$

이고 $s = j\omega$라 하면

$$\frac{d}{dt} = j\omega, \int dt = \frac{1}{j\omega}$$

이 된다.

인덕터 L에 전류 $\frac{di}{dt}$ 가 흐르면 인덕터에 발생하는 전압 V는 $V = L\frac{di}{dt}$가 된다. 여기에 $\frac{d}{dt} = j\omega$를 대입하면 $V = j\omega L \cdot i$가 되고 임피던스는 $Z = \frac{V}{i} = j\omega L$이 된다.

콘덴서 C에 축적되는 전하 Q와 전압 V의 사이에는 $Q - CV$의 관계가 있다. 또 전류 i가 콘덴서 C로 흐르면 콘덴서에 축적되는 전하 Q는 $Q = \int idt$ 이므로 여기에 $\int dt = \frac{1}{s} = \frac{1}{j\omega}$을 대입하면 $Q = CV = \frac{i}{j\omega}$이 되고 콘덴서의 임피던스 Z는 $Z = \frac{V}{i} = \frac{1}{j\omega C}$이 된다. 이와 같은 방법을 사용해도 인덕터와 콘덴서의 임피던스를 구할 수 있다.

찾아보기

• 저자소개 •

류 황

현재 배재대학교 정보통신공학과 교수

이민수

현재 대진대학교 통신공학과 교수

알기 쉬운

실용 초고주파공학

2012년 2월 20일 인쇄
2012년 3월 2일 발행

저 자 / 류 황 · 이민수
발행자 / 오판근
발행처 / 교우사

주 소 / 서울 동대문구 제기2동 148-19
전 화 / 925-2861(代), 편집부 / 925-2825
팩 스 / 925-2860

E-mail / kyowoo@kyowoo.co.kr
http://www.kyowoo.co.kr

등록 / 1994. 3. 24 제6-0256호

ISBN 978-89-8172-622-5 (93560)

값 10,000 원